"十三五"职业教育部委级规划教材

U0738110

实用服装绘画与款式设计

牛海波　主编

马存义　王振贵　副主编

中国纺织出版社有限公司

内 容 提 要

本书共分为五章，第一章介绍服装设计的专业基础知识；第二章详细解析服装款式的基本结构与形式，使学生在深入认识服装的基础上，掌握服装结构形式的变化方法；第三章以人们日常生活中的各类服装为设计对象，以时装商品为设计目标，进行具体的成衣产品开发设计实践；第四章是服装设计能力的扩展部分，通过讲解创意设计的表达形式，使学生了解和掌握如何将灵感转换为具体的创意设计；第五章叙述服装系列设计的展开方法，通过命题设计进行具体的主题设计实践，使学生能够完成企业或品牌的商品服装设计。

本书内容循序渐进，结构层次清晰明了，图文并茂，可作为服装专业院校师生的专业教材，也可作为广大服装爱好者的参考用书。

图书在版编目（CIP）数据

实用服装绘画与款式设计／牛海波主编 . -- 北京：中国纺织出版社有限公司，2022.6

"十三五"职业教育部委级规划教材

ISBN 978-7-5180-7570-6

Ⅰ.①实… Ⅱ.①牛… Ⅲ.①服装设计－绘画技法－高等职业教育－教材 Ⅳ.① TS941.28

中国版本图书馆 CIP 数据核字（2020）第 115397 号

责任编辑：宗 静 苗 苗　　责任校对：王花妮
责任印制：王艳丽

中国纺织出版社有限公司出版发行
地址：北京市朝阳区百子湾东里 A407 号楼　邮政编码：100124
销售电话：010—67004422　传真：010—87155801
http://www.c-textilep.com
中国纺织出版社天猫旗舰店
官方微博 http://weibo.com/2119887771
北京通天印刷有限责任公司印刷　各地新华书店经销
2022 年 6 月第 1 版第 1 次印刷
开本：787×1092　1/16　印张：10
字数：134 千字　定价：59.80 元

前言
PREFACE

服装设计既是产品设计，也是艺术创作，服装设计工作是追求美的事业。设计师不仅要学习古今中外历史服装、民族服装、现代服装的相关知识，也要学习音乐、美术、影视作品等来加强艺术修养；还要从各个领域和各行各业中获取灵感，在服装设计中融入自己的创意。设计师要做到四勤，即脚勤、眼勤、脑勤、手勤，切不可闭门造车。脚勤就是要走向社会、走向自然，追寻和感悟身边美的事物，从中得到启发和灵感；要进行市场调研和社会调查等活动，以便掌握流行趋势和时尚脉搏。眼勤就是要有广阔的视野，多看各类媒体带来的时尚新知，多观察各类人文产物、自然物体和景观，做到观其形色察其奥妙，为服装设计积累素材。脑勤就是要善于通过记忆、分析和想象来触发灵感，再将获取的灵感进行深入的想象和挖掘，经过理性思考形成合理的设计思路。手勤就是要多写多画，服装设计主要依托图画来表现，在了解人体和服装的基础上，要进行大量的服装绘画练习和创作练习。通过文字记录和绘画整理，不仅可以加深记忆，而且可以大大提高自己的设计资源储备量，提高设计的表达能力。

本书共分五章，第一章由王振贵编写；第二章和第三章由牛海波编写；第四章和第五章由马存义编写。

由于编者水平和经验有限，书中难免有疏漏和不足之处，敬请读者批评指正。

编者

2021 年 7 月

目录
CONTENTS

第一章

服装设计基础知识

CHAPTER

1

第一节 服装设计与时装画

一、服装设计的概念

服装设计是一种创造性劳动，是需要艺术与技术的综合性技艺。服装设计涉及历史学、民俗学、美学、文化学、心理学、材料学、工程学、市场学、色彩学等知识领域。

服装设计是针对个人或目标群体，以满足特定的着装需求或符合现代时尚为目标进行的设计构思，并绘制出服装的效果图和款式图，再根据纸样进行服装制作和服饰搭配，最终完成设计的全过程。

二、时装画

设计师运用开放性思维对服装进行艺术构思，尝试各种设计的可能性，并通过时装画来表现服装的设计效果。时装画根据用途有许多类别和绘画风格，可以用多种绘画方法和技巧来表现。在服装设计中，时装画往往特指服装效果图（后面称效果图）和服装款式图（后面称款式图）。

在产品设计的初级阶段，服装设计师（后面称设计师）就是通过这两种服装绘画形式相互结合来表现设计意图，并依此想象出产品能达到的实际效果。时装画是表现服装设计效果的必要手段，是设计师表达设计思想的形象语言，是表达设计理念的载体和媒介。设计师通过绘画与工程技术人员进行信息交流，让打板师、工艺师、样衣师等能够看懂并理解，最终制作出成品来完成其设计。总之，服装设计需要时装画来表现，画好时装画是学好服装设计的前提条件之一。

1. 效果图

效果图是用来表现服装在人体上的着装效果，侧重于表现服装色彩、材质、款式和服饰搭配的服装绘画。完整的效果图一般包含着色效果图、款式图、设计说明和面料小样等（图 1-1~ 图 1-6）。

效果图一般以手绘形式表现，但随着计算机的普及与应用，可将手绘稿进行扫描，再结合 Photoshop 等图形处理软件加以着色或修饰，也可以使用 Painter 等绘画软件在计算机上直接作画。效果图主要用于服装企业的新产品开发、定制服装设计、服装设计比赛、影视剧中的人物角色服装和舞台演出的演员服装设计等。

图 1-1　效果图 1

图 1-2　效果图 2

图 1-3　效果图 3

图 1-4 效果图 4

图 1-5　效果图 5

图 1-6　效果图 6

　　绘画效果图的顺序就和穿衣一样，由裸体开始，先在人体上画内衣再画外衣，然后配上鞋帽和饰品，最后画出材料花色和质感。效果图的绘画顺序，如图1-7~图1-9所示。

图 1-7　效果图的绘画顺序 1

图 1-8　效果图的绘图顺序 2

图 1-9　效果图的绘图顺序 3

2. 款式图

款式图是表现服装的造型和结构设计，侧重于表现服装的结构细节及各零部件间的位置关系和比例关系的服装绘画（图 1-10~ 图 1-12）。款式图要求结构细节和位置准确、绘图翔实，一般为线描稿，无须着色，可以加入局部结构的详解示意图，使用材料、尺寸数据和文字说明等注释内容，供制板和工艺制作参考。目前，款式图以计算机绘画为主，使用 CorelDRAW 等矢量图形处理软件和服装设计软件作图。与传统的手绘形式相比，计算机绘画款式图的优点很多，如对已经画好的服装款式可以随意修改，通过复制和变化能够对服装款式结构进行无限扩展，填充色彩和材质也非常方便、快捷，所以绘画效率极高。款式图主要用于服装企业的系列产品设计、工艺单的款式说明；在效果图中加入款式图，可以更加详细地解析服装款式结构。套装款式图的绘画方法如图 1-13 所示。

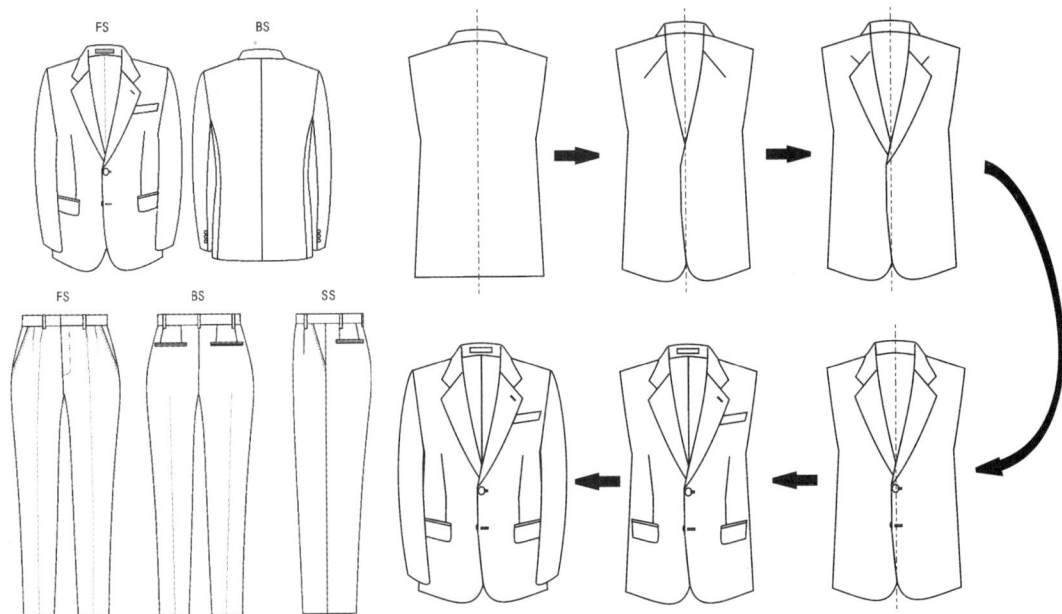

图 1-10 西服款式图的绘画方法

图 1-11 前后款式图的构图

图 1-12　单品款式图

图 1-13　套装款式图

第二节　如何成为一名服装设计师

　　服装设计常被人们称为"时装设计"。时装一词在英语中为 Fashion，意为时装、时尚、流行、时髦等，Fashion 不单指时装，也包括服饰、化妆、发型，以及生活方式等时尚观念。设计师要有广博的知识和丰富的阅历，要热爱生活，有强烈的好奇心，对一切美好的事物都感兴趣。在关注服装本身的同时，也要留意其他领域的动态，比如科技成果、文化动态、艺术作品、各类产品设计，以及反映意识形态的各种思潮和观念等，从中获得更多的灵感应用到设计中。设计师既要把握时尚潮流和市场变化，还要懂生产、懂经营，通过自己的产品设计为企业带来利润。

一、经常收集和整理专业资料

收集各类媒介刊载的专业信息和资料，进行整理和分类，将其存放于纸面上或计算机文件中，通过经常阅读和分析加以记忆，日积月累，自身的设计资源也就丰富起来，使用起来也会很方便。

二、善于在借鉴中提高设计水平

服装设计是需要借鉴的创造性工作，设计中要借鉴知名设计师的作品、服装企业的产品和线上线下的服装商品。借鉴不是盲目地照搬和抄袭，设计师要有自己的见解和主张，设计出受消费者欢迎、富于个性的产品。借鉴的方法有如下四种：

（1）学习中西方服装史，了解服装的变迁过程和规律。

（2）借鉴世界上的各种民族服饰，融合现代时尚进行设计，弘扬传统服饰文化和传统技艺。

（3）借鉴服装设计大师的设计作品，学习大师的创意理念和精湛技艺，站在巨人的肩膀上实现设计上的超越。

（4）借鉴名牌服装的产品设计，感受时尚脉搏，把握流行趋势。

三、不断提高审美能力

审美能力是指人们通过对事物的鉴赏，对其美丑给予的评价能力或感受能力。设计师要有善于发现美的眼睛，通过对自然界和社会生活的观察，能够很快从中捕捉到美的现象，发现蕴藏在审美对象深处的本质性内容，并从感性认识上升为理性认识。只有不断提高审美能力，树立起自我的审美观，才能去感受美、创造美。

四、有丰富的想象力

设计创作的最初灵感和线索来自生活的方方面面，有些事物看似平凡或者微不足道，但其中也许就蕴含着许多闪光之处。如果设计师对身边的事物熟视无睹，不能善于发现，就不能及时利用，许多有用的设计素材就会失之交臂，所以要尽快让自己变得敏感起来。

独创性和想象力是设计师的翅膀。没有丰富想象力的设计师，再好也只能称为工匠或裁缝，而不能称为真正的设计师。设计的本质是创造，设计本身就包含了创新、独特之意。自然界中的花鸟树木，人们身边的器物、音乐、舞蹈、诗歌、文学，甚至现代的生活方式都可以给我们很好的启迪和设计灵感。在历史长河中，正是由于前人的丰富想象力和独创精神，才给我们留下了丰厚而宝贵的人文财富。

五、热爱艺术，不断提升自己的艺术造诣

设计师是时尚的探险者、弄潮儿，要有敢为人先的意志，要有深厚的艺术造诣、扎实的绘画功底和造型设计能力，对服装情有独钟，努力创造自己独有的艺术世界。

服装设计既是产品设计也是艺术创作，深厚的艺术修养对于设计师至关重要。曾被誉为"时装之王"的法国高级时装设计大师克里斯汀·迪奥是一位具备建筑、绘画、音乐等多方面艺术功底的时装界巨匠。他的弟子伊夫·圣·洛朗也是一位艺术才华横溢的天才，从圣·洛朗的作品中，可以看到他设计灵感来源之广，热情奔放的西班牙风格，华美多姿的俄罗斯情调，单纯豪放的非洲风格，端庄鲜明的中国风格。色彩明朗的毕加索风格，简洁明快的蒙德里安冷抽象艺术和波普艺术风格等，都在其作品中有着独特的运用和发挥。深厚的艺术造诣决定了设计师的无穷创造力。

六、熟悉服装结构制图、裁剪和缝制等生产过程

服装结构设计、裁剪和缝纫技术也是设计师必须掌握的基础能力。不懂制板、裁剪和缝制方法，会使设计难以实现。缝制的方法和缝制效果本身也是设计的一部分，不同的缝制方法能产生不同的外观效果，甚至是特别的肌理效果，这就要求设计师要熟知服装行业中的各种加工设备及服装缝制专用机件，对针织面料、机织面料的加工工艺了如指掌，才能在设计运用中得心应手。

七、考察市场，获取流行信息

服装作为一种产品设计，设计效果的优劣不是靠一些专家来评说的，而是由市场来检验的。因此，设计师如果对自己所服务的目标市场一无所知，将会非常危险。因

为其设计的产品投产后很可能因不被市场认可而造成积压，给企业带来巨大的经济损失，甚至使企业倒闭。设计师要经常考察品牌、批发与零售的成衣市场，面、辅料等材料市场，首饰、配饰、美容护肤品等服饰品市场，及时获取流行信息和资料，判断流行趋势。

设计师最终要在市场中体现其价值，只有真正了解市场、了解消费者的购买心理，才能真正掌握流行。设计师应保持自己的个性和独特的设计风格，但这并不等于无视市场的需求。设计师与画家不同，不能孤芳自赏，要时刻注意把握市场的新动向，在保持自己的设计风格的基础上，一定要站在消费者的立场上，每个细节都要设计到位，这样才能在激烈的市场竞争中立于不败之地。

八、熟悉服装设计大师及著名品牌

了解和掌握服装设计大师及著名品牌的风格，是成为设计师的一条快捷之路。从20世纪初期的夏奈尔，到21世纪初的加里亚诺，每一位设计大师都在服装史上留下了经典作品：20世纪二三十年代优雅浪漫的低腰露背装；20世纪50年代典雅富贵的高级时装；20世纪六七十年代叛逆怪异的嬉皮士、朋克服饰；20世纪80年代宽肩、宽松男性化职业女装；20世纪90年代性感迷人的蕾丝、透视服饰……只有深入学习20世纪服装的发展历史，才能理解那个时代大师们的设计风格和艺术表现，从而借鉴到自己的服装设计当中。

20世纪80~90年代，德国的设计大师卡尔·拉格斐任香奈儿品牌的首席设计师，为了扭转香奈儿当时的困境，首先从熟悉香奈儿品牌的设计风格开始着手，对香奈儿几十年来的每一个款式，一边默写一边讲解，在充分了解香奈儿服装风格和设计历史之后，卡尔·拉格斐一改香奈儿套装的沉闷和单调，推出了90年代粉彩、性感的香奈儿套装，使香奈儿服饰重整旗鼓，再次赢得年轻女性的喜爱，从而恢复了香奈儿品牌往日的活力。

九、具备计算机运用能力

随着计算机技术在设计领域的不断渗透，无论在设计思维还是创作过程中，计算机已经成为设计师手中最有效、最快捷的设计工具。目前，服装设计、制板、裁剪、生产管理等各种软件的运用在服装企业十分普及，绣花纹样、印花纹样等也是靠计算机来完成。

设计师要能熟练地运用Photoshop、CorelDRAW、Illustrator和Painter等绘图软件，

通过这些软件可以方便、快捷地复制、修改、绘制设计效果图和款式图，任意填充色彩和面料材质，拓宽了设计表现方式。特别是Painter，其庞大的绘图工具、种类繁多的画笔、极具感染力的着色效果和滤色效果可以使设计效果更加逼真。计算机作为一种先进、现代的绘图工具，有丰富的表现力和非凡的潜力，掌握计算机绘图软件在服装设计中的运用，已经成为日常设计工作的需要。

十、成为一名具有人格魅力的设计师

服装设计师要具备高尚的人格和深厚的文化底蕴。现代服装企业在组织架构上是一个既有分工又有合作的集体，所以设计师必须摆正自己的位置。成为一名具有人格魅力的设计师要注意以下三点：

（1）善于沟通与合作，这方面的能力需要在校学习期间就开始注意锻炼和培养，并努力使之成为一种工作习惯，这对今后的工作会十分有益。

（2）有敬业精神和团队精神，不仅要把设计师当作一种职业，而且应当作一种事业来追求和热爱。要积极主动全力投入工作，尽到自己的责任，体现主人翁精神，以执着的、探索的精神，强烈的设计意识，站在投资者的角度运作市场，减少冒险，给企业安全感。

（3）尽快让自己变得时尚，学会经营和推销自己，时刻展现个人风采。

第三节　服装设计原则

一、着装的 TPO 原则

设计师要从服装穿着者的角度了解其需求，再根据社会风俗、流行时尚等因素，设计出穿着舒适、美观实用、让人满意的服装。人们的日常穿着，不能仅凭主观意愿随意打扮，除了追求时尚、漂亮外，还要考虑所处的自然条件和人文环境等客观因素，使穿着得体。所以，着装要符合时间、地点和场合的需要，这就是所谓的"TPO原则"。

1.时间（Time）

着装时间是指在一年四季中的春、夏、秋、冬，或一天中的具体时间段。在四季非常明显的区域气温变化较大，冬天要穿保暖、御寒的冬装，夏天要穿透气、吸湿、凉爽的夏装，只有在赤道附近等区域，着装因当地季节变化不明显而变得时令感模糊。人们在一天中的不同时段，所处的地点和场合也会发生变化，一般也都要改变着装形象。在昼夜温差较大的地区，也要随温度变化来更换或加减衣物。有些比较讲究着装礼仪的国家或地方，会有晨服、昼服和晚服的区别。

同时一些特别的时刻对服装设计提出了特别的要求，如毕业典礼、结婚庆典等。服装行业还是一个不断追求时尚和流行的行业，服装设计应具有超前的意识，把握流行的趋势，引导人们的消费倾向。

2. 地点（Place）

着装地点是指人们不管置身室内还是室外，乡村还是城市，国内还是国外，居家还是旅行，平原还是山区，沿海还是内陆，南半球还是北半球……由于地理位置和环境的不同，季节和气候条件都会有明显的差异，人们要顺应自然条件来选择着装。

3. 场合（Occasion）

着装场合主要表现在社会环境方面，现代人的工作和生活范围越来越广，会出现在各种不同的场合，如居家、上班、上学、休闲、逛街、社交、旅游、户外运动等。着装要符合社会的人文习俗，要随其场合的不同，来扮演自己的社会角色，不可出于张扬或随意贸然挑战世俗，着装还是要"入乡随俗"的。时下人们穿着趋于休闲、自由等个性化风格，若着装违背了 TPO 原则，就会让人觉得是另类，有失体面，贻笑大方。譬如穿西服打篮球、穿泳衣逛街等，就显得滑稽或尴尬，不同场合的穿着应如民间所说"宁穿破、不穿错"。人们对自己的着装形象，往往都有一定的心里预期，随其意愿来打扮自己，以达到怡情自我、愉悦他人、建立自信的目的。得体的着装不仅是尊重他人的表现，也是尊重一个国家、一个民族的表现，严谨的着装礼仪规范，更是人类文明和社会进步的表现。

二、服装设计中的 5W1H 分析法

在服装设计中，设计师首先想到的是着装对象是谁，是什么样的人；其次遵循着装的 TPO 原则，来想象需要达到的着装效果；最后考虑如何来实现设计，需要做哪些具体的工作。这一系列的思考，归结起来称为 5W1H 分析法，也称六何分析法，它是创造性劳动的思维方法，可深化思考的内容，使设计工作更加具有条理性。

何人（Who）：谁、什么人着用。

何时（When）：季节、时间。

何地（Where）：地点、环境。

何故（Why）：着装目的、场合。

何事（What）：做哪些事、关联要素。

如何（How）：如何做、工作方法。

1. 何人（Who）

设计之前，要先搞清楚所设计的服装是给谁穿，是个人定制还是消费群体？如果是个人定制，必须先弄清楚顾客的需求和目的，然后观察其身材和皮肤颜色等情况，使设计更加合体。如果是消费群体就要对其综合归类，考虑到年龄因素和经济因素的同时，还要研究每类人群特有的穿着意向。

2. 何时（When）、何地（Where）、何故（Why）

When=Time何时、Where=Place何地、Why=Occasion何故，与前面提到着装的TPO原则相对应，不再赘述。

3. 何事（What）

一个人的着装，即使在特定的TPO条件下选择服装，也会有多种可能性，这反映出穿着者的时尚品位和审美水平。设计师在设计服装时，要考虑给消费者留有余地，也就是服装不仅设计要有特色，而且要有多种搭配的可能性。消费者一旦确定了某种形式的服装，便决定了由此带来的着装状态、与他人的关系，从而决定了自己在人群中所扮演的角色。

4. 如何（How）

前面提到的5个W是设计的客观条件，而How（1H）是设计师如何应对这些客观条件的主观能动性。这需要设计师从市场调研开始，去捕捉灵感、展开设计思路、绘画设计稿，然后选择材料、裁剪制作并核算成本等。

第四节　服装设计的领域划分

根据服装的用途、生产或销售方式，服装设计大体上可分为成衣设计、定制服装设计、工装和制服设计、体育服装设计、影视及舞台服装设计、参赛服装设计等若干领域。

一、成衣

成衣是指服装企业以某类消费群体为目标，进行工业化批量生产的各类服装商品（图1-14）。成衣分为高级成衣和大众成衣两种，高级成衣是指著名品牌针对高端客户限量生产的时装，特点是批量小、成本高、价格昂贵，一般以品牌专卖形式销售经营，顾客享有完善的售后服务，并为顾客建立档案；大众成衣是指面向普通消费者，以销定产的普通服装或时装，特点是批量大、成本低、价格便宜。

图 1-14　成衣

在成衣设计过程中，首先通过对消费者的性别、年龄、职业、收入状况等进行分析、归类，然后对其生活环境、社交范围、着装倾向和情趣等细节做进一步分析，将消费者划分为若干个不同的群体。服装企业或品牌公司以特定的消费群体为对象，对他们以往的服装商品消费情况进行调研，结合流行趋势，预测并迎合他们的日后需求，有的放矢地进行成衣商品设计。由于成衣为工业化批量生产，要预先进行调研、设计、准备材料和一系列生产准备工作，需要一定时间，所以成衣设计通常至少提前一个季度开始。如果产品销售前需要进行产品发布会、订货会、广告宣传等活动，设计就要提前半年或一年的时间。

二、高级定制服装

作为经常出现在公众场合的名人（如政要及其夫人、演员等），或有较强消费能力、走在时尚前沿已不满足于市场上的时装商品的部分消费者，他（她）们聘请知名设计师，专门设计并制作适合自己的个性时装，这种方式称为高级定制（Haute Couture）。与针对群体消费者的成衣设计不同，高级定制服装是以个体消费者为目标，根据客户需求，专门设计、量体裁衣、手工制作的高级孤品时装，绝不等同于我们经常看到的摆摊裁缝的定做服装。高级定制服装倾注了设计师与制作者的才能与精力，体现了设计师与穿戴者的个人风格，是时装的最高形式与境界。所以，设计师首先要与顾客面对面交流，通过向顾客询问，了解他（她）的穿着需求，观察其肤色、面形、体态特征，感受其性格和气质等个性特点，对服装和服饰品进行综合设计（图 1-15）。

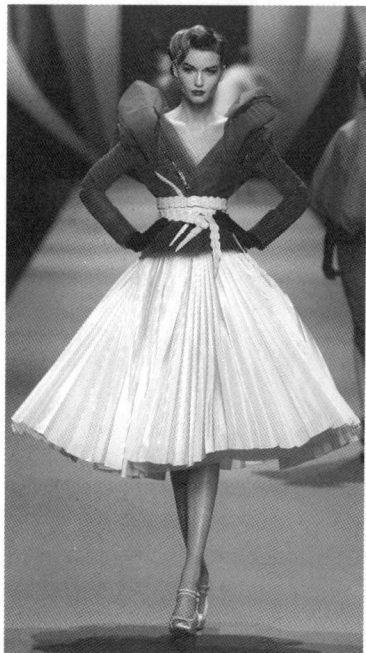

图 1-15　高级定制服装

20 世纪末 21 世纪初，我国定制行业一般以知名服装企业或名牌为中心，主要围绕以高品质为核心的男装西服等常规服装开展高级定制业务，基本上没有设计环节，发展水平较低，与西方发达国家还有较大差距。主要原因是我国缺乏具有国际知名度的服装设计大师，另外，也与当时我国的经济水平、社会环境、着装时尚和文化意识等方面有关。

近年来，随着我国经济水平的快速提升，国际地位越来越重要，外国人也更加青睐中华文化。由于中国人均收入越来越高，在衣着上的花销也越来越大，对个人形象也更加注重。尤其是我国服装行业向重设计、精加工的高品质发展转型，高级定制与面向大众的个性化定制蓬勃发展，更有走出国门之势，前景喜人。

三、职业装

职业装是指从事各种职业或工种的劳动者群体的工作着装，包含制服（图 1-16）和工装。职业装设计不像成衣商品那样考虑消费者的着装取向或流行动态，也不像个人定制服装那样考虑着装者的肤色、身材和个性等要求，而是注重群体形象、文化象征、工作环境、劳动特点等。在设计前，必须与相关负责人充分交流，了解他们的需求，最好到现场感受工作环境，体会劳动中对服装的要求。

1. 制服

制服（又称标志服）是指在军队、公安局、工商部门、税务部门、民航、铁路、银行、证券、学校、医院、企业等工作的人员的标志性着装。带有时尚元素的制服，在一些场合也可以作为正装或礼服穿着。设计制服时需根据客户的要求，结合职业特征、团队文化、年龄结构、体型特征、穿着习惯等，从服装的色彩、面料、款式、造型、搭配等多方面考虑，提供最佳设计方案，为顾客打造富于内涵及品位的全新职业形象。

制服一般为套装（Suit）形式，女职业装也有连衣裙式样。套装指经精心设计，上下衣或内外衣等两件以上配套穿着的服装，它们之间的风格要一致，配色、配料要协调，给人整齐、和谐、统一的印象。套装通常由同一面料裁制，也可由异质面料相配、格调一致的衣、裤、裙搭配而成。除了上下装搭配组成的套装以外，还有内外衣搭配的套装及讲究整体组合的套装等。制服面料主要有凡立丁、哔叽、华达呢、直贡呢、派立司、啥咪呢、女士呢、制服

图 1-16　制服

呢、麦尔登、海军呢、法兰绒、大衣呢和花呢等。

2. 工装

工装，又称工作服（图1-17），是指厂矿企业、宾馆、饭店、商场、医院等各行各业的劳动者在工作时穿着的具有防护性、标识性、便利性的着装，不同工种的工装款式会有较大区别。

3. 特种功能性防护服装

一些执行危险任务或在极端环境下工作的人员，需要穿着具有特殊防护功能的特种服装，如消防服、潜水服、宇航服、极地服、防爆服、防弹衣、防生化服、防辐射服、医用防护服（图1-18）等。防护服装所指的防护，一般是指对着装者的防护；也有为了保护环境，防止人体污染环境的防护，如食品、医药、精密仪器等对环境卫生要求较高的生产企业。

四、体育服装

体育服装又称运动装，可以分为专业体育服装和休闲体育服装。

1. 专业体育服装

专业体育服装是指职业运动员进行训练或比赛时穿着的服装（图1-19）。在设计中，首先要区分运动项目，根据项目的运动特点，着眼于提高运动员的比赛成绩、增加观赏效果、保护运动员身体等方面。专业体育服装设计要充分考虑服装的运动机能性，注重材料选择和局部细节设计，但不宜烦琐或随意增加有碍活动的设计成分。

2. 休闲体育服装

休闲体育服装是指老百姓锻炼身体时穿着的服装（图1-20）。目前，国人越来越注重健康生活，积极参加各种形式的健身运动，如武术、瑜伽、打球、跑步、摔跤、跳舞、跳绳、踢毽、轮滑、滑冰、滑雪、远足、登山、骑车等各种体育活动项目。人们对运动装备的

图1-17　工装

图1-18　医用防护服

图1-19　专业体育服装

要求更加专业化，对各类体育服装的需求日益增多，同时也为服装企业的设计与生产提供了更加广泛的市场空间。老百姓进行体育锻炼的目的是强身健体，增加人际交往，追求身心健康，不同于运动员为提高运动成绩所强调的更快、更强。所以，设计中要考虑到运动特点的同时，还要加强服装的安全防护性能，结合流行时尚，兼顾关联项目或相似运动通用等娱乐休闲元素。

图 1-20　休闲体育服装

五、影视及舞台服装

我国经过 40 多年的改革开放，现在不仅经济发达，文化艺术也非常繁荣，演出市场空前活跃，为广大观众提供了大量具有教育性或观赏性的影视作品和舞台节目的同时，也给设计师提供了一个施展设计才华的大舞台。

影视服装是指在影视作品中，所有演员穿戴的服装，服装要具有真实性和艺术性。舞台服装是指演员在戏剧、话剧、歌舞剧等舞台剧，或在舞台上表演音乐、舞蹈、魔术、杂技、小品、相声、哑剧等综艺演出中穿戴的服装，服装要具有艺术感染力，能使观众赏心悦目。影视剧和舞台剧一般会涉及国家、地域、民族、宗教、艺术、科学技术、文化传统、人文习俗，以及故事的时间、地点、事件、情节、场景等历史背景，设计师要分别为不同场景出现的各种角色设计或选择符合其身份的服装。舞台综艺节目中的演员服装，首先要区分角色，然后根据传统的演出形式，将经典服饰与现代时尚相结合进行设计（图 1-21）。

总之，影视及舞台服装涵盖古今中外曾被人们穿着使用过的服装，甚至涉及超越时空的未来服装，可以说是包罗万象、异常繁杂。因此，设计师不仅要有较高的服装设计水准，还要有丰富的历史文化知识和很高的艺术修养等。

图 1-21　舞台服装

六、比赛服装

国内有很多面向服装院校学生的服装设计比赛，借以进行宣传品牌、发掘新人、开发产品、促进教学。各类服装设计比赛都有特定的设计主题和要求，也有一贯的比赛规则。看清比赛通知后，设计前应详细了解该项比赛的历史，尤其要认真品味往届的入围作品和获奖作品，让自己的设计有所超越（图1-22）。

服装设计比赛一般通过征稿进行海选，对入围作品再组织初赛和决赛。一般以效果图的形式投稿报名，入围后，参赛选手经选料、制作、搭配、试穿等环节完成设计，最后携成品参加比赛。参赛选手对于投稿的效果图，必须紧扣大赛主题对作品进行命名，以独特的设计、精美的绘画打动评委从而入围；一旦入围，首先要注重材料选择，按照作品的设计风格，将不同色彩和质感的面、辅料进行合理组合；通过精致的裁剪和制作，恰当的服饰搭配强调作品风格，最终完成实物作品。通过参加服装设计比赛，可以体验从画设计到做设计的全过程，能够将自己的创造力和所学专业知识加以综合运用，同时也会提高在读学生的就业意识。

图1-22　比赛服装

七、发布会服装

服装企业或品牌公司为了推介产品、塑造品牌形象，经常在企业内部或国内外的重大时尚活动中举办发布会，进行静态或动态的服装展示。例如，法国巴黎、英国伦敦、意大利米兰、美国纽约、日本东京等国际时装周，以及在北京、上海、大连等地举办的国际服装服饰博览会等。

我们经常看到服装动态展示的T台秀（俗称"服装表演"），是服装发布会的主要形式，T台秀上的服装一般分为即将投入市场的商品服装（图1-23）和仅限舞台表演的创意服装（图1-24）两大类。发布会上的商品服装具有

图1-23　商品服装

产品宣传、推介的作用，很容易被人理解，但人们往往对仅能在 T 台上表演、好看不实用的创意服装感到不可思议。其实，T 台上两类服装可以简单地理解为：商品服装用于产品宣传，创意服装用于企业、品牌或设计师的宣传。创意服装虽不能直接作为商品，却能反映其创新能力，来创造或引导流行，至少可以吸引眼球，得到关注。试想，若 T 台上的服装尽是随处可见的普通服装，就难以引起关注，长此以往人们就会淡忘，所以创意服装对于企业、品牌乃至设计师都有着重要意义。

图 1-24 创意服装

第五节 服装设计中的美学规律

造型的基本要素是点、线、面、体，在服装设计中，就是运用美的形式法则对这些本是独立的基本要素加以组合，使其相互关联为有机的整体，形成完美造型的过程。

一、服装造型设计中的基本形式元素

1. 点
点在空间中起着标明位置的作用，具有引人注目、突出诱导视线的性格。点在空间中的不同位置、形态及聚散变化都会引起人的不同视觉感受。

（1）点在空间的中心位置时，可产生扩张、集中感。

（2）点在空间的一侧时，可产生不稳定的游移感。

（3）点的竖直排列，能产生直向拉伸的苗条感。

（4）较多数目、大小不等的点渐变排列，可产生立体感和视错感。

（5）大小不同的点有秩序地排列，可产生节奏韵律感。

（6）多点的顺序排列产生线条，散点可以形成平面。

在服装中点的形态不只是圆形、方形、三角形等几何形状，也可以是花形、叶形等物态形状及其他异形状态。服装上的点，包含面料图案、口袋、袋盖、商标图案、纽扣、绳结、胸针、胸花等，都可被视为一个可被感知的点，我们了解了点的一些特性后，在服装设计中恰当地运用点的功能，富有创意地改变点的位置、数量、排列形式、色彩及材质中的某一特征，就会产生出其不意的艺术效果。

2.线

线有直、曲、折不同的形状，也有连贯、断续、长短、粗细的区别。线条方向、位置、组合方式的差异会给人不同的感受。例如，水平线平静安定，曲线柔和圆润，斜向直线具有方向感等。服装中的线条可表现为轮廓线、分割线、省道线、褶裥线、装饰线，以及面料上的线条图案等。

3.面

面有平面和曲面，也有规则或非规则的凹凸面。面的形态有物象形、规则几何形、非规则的偶然形等。不同形态的面又具有不同的特性，如三角形具有稳定感，偶然形具有随意活泼之感等。长、宽比例较大的面会产生线条的感受，面的转折可以产生立体效果。各种颜色和质感的面料以面的形态占据了服装外观的绝大部分，边缘线、结构线、装饰线等线条将服装表面分割成了不同形状的面组合，运用其比例关系、肌理变化、色彩配置、装饰技法等不同手段进行设计，能产生变化丰富、风格迥异的服装效果。

4.体

体是由面的折、曲形成的。不同形态的体具有不同的个性，从不同的角度观察表现出不同的视觉形态。服装中的体就是服装的整体造型和局部造型，设计中要时刻将人体和服装作为立体形态来想象，设计要符合人体自身的形态及人体运动时的变化需要，独特的造型能使服装别具一格。

二、服装设计中的美学法则

服装是不断发展变化的，但并不是没有规律、不受限制的，服装设计应该是在遵循美学规律的基础上进行的。造型美的法则有很多，包括对比、统一、协调、平衡、旋律、视错、比例等，它们之间相互关联，但统一与协调是造型美的基本原则。要完成一个整体美的造型，必须要了解这些法则的内容，以及它们之间相互作用的关系和它们各自的效果，下面我们将对一些重要法则进行说明。

1.对比

对比现象普遍存在于自然界的物质形态中，如广阔的原野与远方的崇山峻岭，碧蓝的海水与黄色的沙滩，蓝天上漂浮的白云、沙漠中的一汪清泉、绿叶间的红花等景象，对比让人感受到了自然界的丰富多彩。有时，当看到荒野中的炊烟、戈壁滩上的一棵小草、巨石间的一棵古松、树桩萌发出的新芽时，我们会感受到心灵的震撼或心理的慰藉。

对比是物质间由于形态、颜色、材质的不同给人们带来的感官差异。例如，形的大与小、圆与方，点的疏与密，线的曲与直，颜色的红与绿、白与黑，质地的薄与厚、轻与重、软与硬、平滑与粗糙等，这种强烈的反差形成了对比（图1-25）。对比给人以强烈的视觉感受，能引起人们一定的情绪反应，有时会给人以清新、明快的良好感受，有时也会给人以生硬、矛盾的消极感受。例如，红与绿是色彩中色相的对比，当人们看到一个穿红戴绿的女孩走在乡间田野中，与自然色彩浑然一体时，会感受到人与自然的和谐美好；但当她走在高楼林立的都市街道时，又显得突兀、另类、俗气，这是因为个体与周边环境对比的关联因素使我们产生此种感受。田野中的自然色彩与女孩的服装色彩形成了统一，化解了矛盾；而她在色彩暗淡的钢铁、水泥、玻璃建筑间，与环境色彩形成反差强调了对比感受，突出了矛盾。

2.统一

统一是指服装整体的一致性。服装整体是由多种个体元素有机结合形成的，所谓个体元素是指"形"的诸要素，"色"的诸要素，"材料"的诸要素，对这些要素进行选择性整理，并将各要素聚成一体，这就是统一的概念。在这些个体未形成统一体之前，相互之间没有任何联系，在设计构思中，为了达到整体的完美，必须认真、细致、慎重地选择各要素，并使它们相互制约，最终成为不可

图1-25　色彩明度对比

分割的统一体（图 1-26）。对于设计来讲，完成后的效果则为统一的主体，所以，必须要求这些个体之间的联系、过渡能给人一种秩序井然的统一美。

统一是对服装整体造型比例、平衡、节奏（旋律）、协调等形式法则的集中概括，是形式美的基本原则。符合多样统一的作品给予人的是快意和满足、完整和舒适感，是完成作品的原动力。统一要求在艺术形式的多样性、变化性中体现出内在的和谐感，并能反映人们既不要单调、呆板，也不要杂乱无章的心理。服装设计中，颜色、图案、廓型、局部细节等各要素间的相互协调，形成了服装自身整体美，它与耳环、项链、帽子、鞋、箱包等饰物的协调，体现了着装者的个性美，再与化妆、发型及时代感的协调，则称为整体搭配美。

相同的物质或类似的物质易产生关联性的秩序感，比较容易达到统一的效果。但这不是唯一的形式，统一既可以出现在相同、类似的物质中，又可以出现在相反、对立的物质中。例如，形状大小的对比，颜色的对比等这些对立的要素，依照统一的原则加以调配依然可以形成统一。正如在单纯素朴的服装上饰以闪光华丽的饰物，在对立的物质间利用对比、互补成为和谐的统一体。

3. 协调

协调是把两个或诸多要素的各种特征有目的地联结起来，如"圆与方""材料与色彩与形状"等形成完美的统一体时，设计就形成协调的美感，这时必须要注意不要因为各要素之间的特点及矛盾造成混乱。协调是统一的准备阶段，个体之间的协调才是整体统一的先决条件（图 1-27）。

服装设计过程中，构成服装的各要素内部之间要协调，包括不同形状、大小、色彩间的搭配，材料的质感、格调的协调等；色彩与形状、色彩与材料、人与服装等相互之间的关系也必须和谐。因害怕破坏统一而单纯考虑稳定的因素，只追求安定的设计，会让人感到倦怠、呆板、平淡乏味、毫无生气。当一味追求变化而忽视安定要素时，又会造成强烈的稳定感，过分的刺激会让人感到烦躁、轻浮、俗气与毫无

图 1-26 花朵元素的统一

图 1-27 形、色的协调

27

品位。因此，只有变化与安定共存的设计，才是较为完美的设计。有时变化的成分多一些，有时安定的成分多些，根据两者比例关系的不同，可创造出运动与华丽或成熟与庄重等各种不同的协调效果。变化较多的效果给人以运动、愉快、兴奋的感觉，所以多用于运动服装、休闲服装、猎装、家居服装等。安定成分较多的设计，缺少生动感，比较沉稳，职业装和制服就属于这类设计。

4. 平衡

平衡原指力学上的重量关系，是指物质的平均计量，如天平两边处于均等时就获得了稳定，并保持平衡状态，视觉上产生平稳静止的感觉。在造型艺术中，平衡则是感觉上的大小、轻重、明暗及质感的均衡状态。在服装设计中，平衡是指构成服装的各基本因素之间，形成既对立又统一的空间关系，产生一种视觉上和心理上的安全感和平稳感。平衡是色彩搭配比例、面积及体积比例等的重要原则。在服装设计中平衡一般以对称和均衡两种形式出现。

（1）对称。对称是指两个以上相同体量的图形与物体，分别对应于基准点、基准线等距位置时所产生的物理平衡。对称产生强烈的心理平衡感，是造型设计中最简单的平衡形式。

各种动、植物经过长期进化，绝大部分都已形成了对称形态，因为对称才使它们在生命历程中获得了平衡和稳定，如花鸟鱼虫、家畜野兽等，连人体也毫不例外，是左右对称结构，所以说对称是生命体的普遍现象（图1-28）。

图1-28　对称的枫叶与蝴蝶翅膀

人们常说的"五官端正、体态匀称"，就是讲对称平衡，是对人物相貌美的基本判断。曾有人做过人脸美感方面的研究，发现他（她）的眼睛无论是大还是小，五官对称的人就耐看，这正好验证了人们所说的"五官端正"这样朴素的审美要求。人类创造的各类文明产物，多为对称形态，如各种工具、工业产品、生活用品等。对称物体给人以安详、稳定的美感，所以对称美就成为各种形式美中最为重要的一种形式。

在形象艺术、建筑等领域的设计中，艺术家和设计师们也经常以非对称的手法进行设计和创造，那些作品也同样常给我们带来无尽的审美感受。所以在服装设计中为了追求这样的美感或个性需求，也会运用一些非对称手法，一般在基本对称原则的基础上，再结合其他美学原理进行局部的非对称设计。

在各种服装设计中，采用对称形式的最多，这是因为人体结构本身就是对称的，对称形式的服装最为适体，可以很好地满足服装的机能性要求。穿着对称形式的服装感觉也最自然、最舒适，能给人心理上的安定感。当需要强调变化或动感时，可以在对称形式的服装上点缀一些小饰品。对称的表现形式多样，其中最基本的形式有左右对称、中心对称、旋转对称和平行移动对称等。对称一般只有一条对称轴线，形式元素在该轴线两侧形成对称，服装多以左右对称形式出现（图1-29）。

图1-29 对称在服装中的应用

（2）均衡。均衡是一种非对称平衡，是将不同的造型要素通过一定手段求得一种心理平衡感觉，如色彩、形状、材料在服装上下、左右和内外间的呼应关系等。与对称相比，均衡在空间、数量、间隔、距离等要素上都没有等量关系，它是在大小、长短、强弱等对立的要素间寻求平衡的方式。均衡的真正意义在于，要在不对称中由相互补充的微妙变化形成一种稳定感和平衡感。这种均衡形式需要有较高的感知能力和创作技巧，还要有较好的判断力和审美观。应用在服装设计中更能表现出变化和个性特点。例如，在设计偏领或偏襟服装时，必须仔细推敲其大小比例关系或者饰物的位置，一般会把饰物放在面积小的部位，否则就会显得失衡。当用不同颜色的面料拼接时，通常都是亮颜色的面料面积较大，暗颜色的面料面积较小，这样就取得了面积与明暗的平衡。

在服装设计中，均衡多用在不对称服装的轮廓造型、分割、镶拼及上下装的平衡设计中。有很多非对称服装左右两侧的形状并不相等，而且材料、色彩也不相同，这时通过不同形状的呼应，不同材料的增减等在视觉上形成一种等量的感觉，就会使本来不对称的造型取得形式上的心理平衡。为了适应人体结构，服装采用的公主线、省道线、领、袖或口袋等都是对称形式。

为了在对称布局中求得变化，细节设计中可以放置一些不对称的均衡因素，会取得动静统一的变化效果。例如，传统西装本来是完全对称的造型形式，在左前片上加一手巾袋，虽然颜色和材料没有变化，但还是给人变化的错觉。通过造型加减设计使之平衡是服装设计中经常采用的手法，它能产生时髦而有个性的效果。如果把一侧的领或一侧的肩部减少直至全部裁掉，为了取得造型上的平衡感，往往在被裁掉的位置添加一些与服装风格相协调的装饰部件或其他造型，这种平衡形式在晚礼服设计或前卫风格服装设计中采用得比较多，如一侧有肩、一侧露肩的晚礼服，通常在露肩的一侧加上蝴蝶结或其他装饰。由于人体结构的上下非对称性，在上下装的平衡设计中几乎不用对称，均衡使用比较多，通过形的呼应和形式上的等量设计取得平衡的效果（图 1-30）。

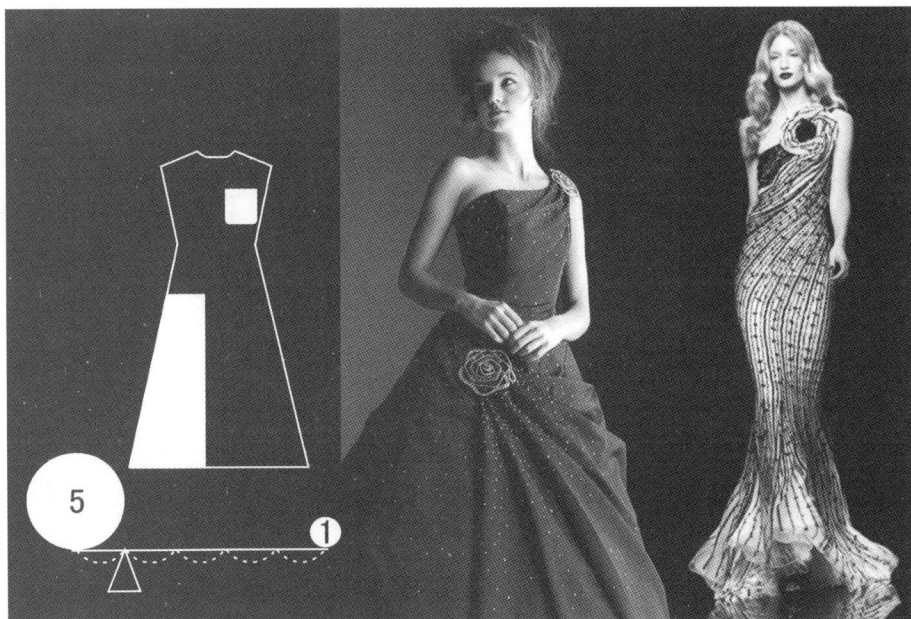

图 1-30　均衡在服装上的运用

5. 旋律与节奏

旋律与节奏原本是音乐术语，是指声响持续时间和强弱变化给人的听觉感受。音乐节奏感来自规律性重复现象，具有时间性瞬变的特征；音乐旋律感来自阶段性连续变化的感受，具有时间性缓慢推移的特征。与音乐中的旋律和节奏相似，视觉的韵律与节奏感，是指人们对看到的形与色的规律性变化产生的感受，所呈现出的音乐般美感。

旋律感和节奏感都是在变化中产生的，变化是旋律和节奏的形成要素。人们不能在无声世界或电源的嗡嗡声中，感受到任何旋律和节奏感，同样，人们也不会从一张白纸或白纸上的一条线中感受到任何旋律和节奏感。延续的变化虽然能够产生悠扬的旋律感，但一般会显得贫乏和呆板。规律性的扬抑重复虽然能够产生节奏感，但同样会显得枯燥无味，比如滴答的钟表声或衣服上的一排纽扣。不过，要辩证地看待单纯的旋律或节奏在服装设计中的作用，比如单纯的商标图案或有序排列的纽扣比较醒目，容易被人注意并形成视觉焦点，会起到画龙点睛的作用。总体来讲，旋律与节奏相互交融时，才能演奏出动听的音乐或描绘出美丽的图画（图1-31）。

图 1-31　旋律与节奏

（1）旋律。旋律是表现形色在线性运动中的延续性，介于视觉节奏之间。例如，人们可以从一个单纯的圆形中感受到的旋律感，是通过目光沿渐变的圆形移动轨迹形成的，之所以能在没有运动的造型中感觉到动感，是因为形色会对目光有一定的诱导作用，在意识上产生运动般的旋律感。旋律感有一定方向性、运动轨迹和趋势等特征。

（2）节奏。节奏是由于形色的规律性突变而产生的，它是旋律延续过程中的间隔，如人们会从螺旋式曲线运动中产生重复运动的节奏感。根据视觉节奏间的距离，或者说根据视觉旋律的长短，视觉节奏也有快有慢。节奏的强弱反映出形色突变前后的差异大小，节奏感的强弱变化对旋律感目光诱导方向也同时产生作用。视觉形象随节奏与旋律产生的变化效果，使物质世界变得丰富多彩。

①规则性节奏。规则性节奏是造型要素的等量节奏间距形成的，如路两旁的电线杆、路灯都是以同样的高度和相同的距离等间隔地排列于道路两旁，人们看到这些时，

31

目光自然地按照一定的方向被诱导。服装上的扣子排列也同样会产生相同形式的旋律，这种规则性的重复所产生的旋律，具有清晰、简洁、明快的特点（图1-32）。

②变量节奏。造型要素之间的节奏间距有长短变化，由于在大与小、长与短的对立间引导着目光移动，因而产生了节奏变化，给人带来刺激的感觉，具有变化、动感强烈的效果。若把海浪惊涛拍岸形成的不定曲线组合在一起，就会形成一种延续不断的重复现象，这种抑扬顿挫的强弱变化，就构成了不规则旋律的美感（图1-33）。服装上的碎褶、荡褶等都能创造出这种妙趣横生的效果。

图1-32　规则性节奏

图1-33　变量节奏

③等级渐变性节奏。构成的各要素按等比或等差的等级关系渐变性节奏变化，称为等级渐变性节奏，其也是一种变量节奏。等级渐变性节奏是很自然的层次变化形式，把目光从一方引导到另一方，具有舒缓的视觉刺激性。一颗石子落进静静的湖面，会荡起美丽的涟漪，波纹向外扩展，虽然也是有规律地展开，但涟漪的高度渐渐降低，间距也渐宽，并一直按照这种秩序扩展、变化。等级性的旋律变化会给人方向性的自然运动感，这种形式的旋律，除间距、长度之外，大小、形状、配色等也会发生类似的等级性变化。这种等级性重复自然、柔软、富含趣味性，与不规则旋律变化相比显得要静一些（图1-34）。

图1-34　等级渐变性节奏

④色彩节奏。色彩节奏是三个以上的颜色重复出现而形成的色彩构成旋律。与形体构成的节奏一样，重复得越多，对目光的诱导越强，节奏感越强。由于不同的重复变化，色彩节奏分别产生动感、明快感、静感等效果。

由于色彩具有明度、纯度、色相三属性，除单纯的重复外，如果能充分利用色彩三属性，就会表现出丰富多彩的色彩节奏效果，其中最常见的就是采取渐变的形式，利用三属性的变化表现出沉静的旋律感，色彩的这种等级性渐变被称为阶调，因此可分为明度阶调、纯度阶调、色相阶调三种类型。在实际色彩构成设计中，可以将这三种色彩阶调形式综合应用。

明度阶调是指色彩从明到暗或从暗到明的自然过渡中产生的层次效果。无彩色系的白、灰、黑的渐变是明度阶调，相同色相的色彩，如蓝色从明到暗的渐变也是明度阶调。

纯度阶调与明度阶调一样，是从纯色自然过渡到浊色的渐变过程，是由于纯度的自然过渡对目光的吸引。

色相阶调是指色彩按光谱的红、橙、黄、绿、蓝、靛、紫顺序排列，犹如七色彩虹那样绚丽。

6. 比例

美的造型必须有协调的比例，采用适合的比例是造型美的重要手法。比例一般有"分割比"和"分配比"两种类型，比如服装分割线位置的确定可以形成分割比，衣领与服装整体之间的大小关系形成分配比。然而，这种比例关系不能只单方面考虑外形美感，还要注意结合服装的功能性、人体结构与机能的完美统一。服装设计要根据人体结构进行，但着装者的形体不可能都有美的比例，因此还要在考虑补偿人体缺陷的同时调整服装的比例关系。常见的比例有等差比（图1-35）、黄金比（图1-36）和方根比（图1-37）。在服装设计中，可按服装种类和部位分别从中选择适合的比例。

7. 视错

人们对世界的认识很多都是通过视觉来完成的，尤其在设计工作及艺术创作中，对美的认识直接受到视觉的影响。但视觉、触觉、听觉、味觉、嗅觉等都有可能在感觉的基础上发生错觉，比如对形或色的认识有时会产生错误的感觉，这就是视错现象。在实际应用中，可以通过点、线、面、体和色彩等，运用一些手段使其产生视错现象。设计师如果巧妙地利用这种错觉，就可以使服装弥补人体缺陷，也可以为

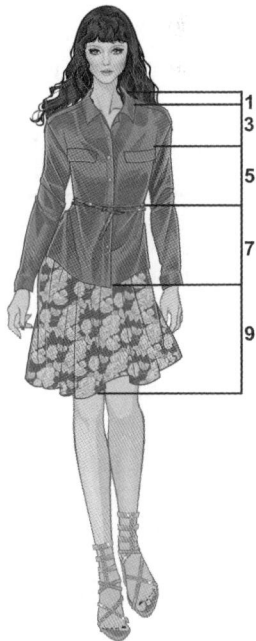

图1-35 等差比及其应用

服装带来许多奇妙、不可思议的错觉现象。如图1-38（a）所示，相互垂直的两条线段，纵线感觉比横线要长一些，实际上两条线段是等长的；如图1-38（b）所示，黑白相间的9行图形本是水平码放的，但由于每行相互交错，产生了每行左右不等的视错；如图1-38（c）所示，乍看是一位老妪，仔细观察后却又是一位少女。

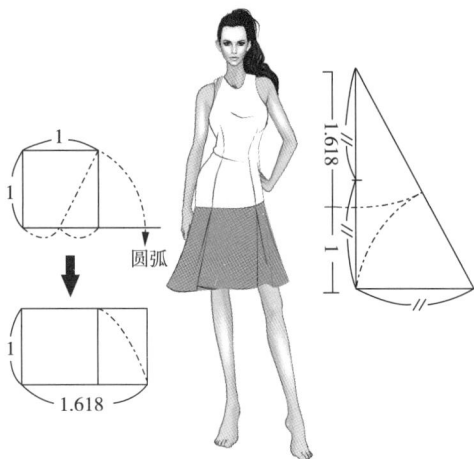

图1-36　黄金比及其应用

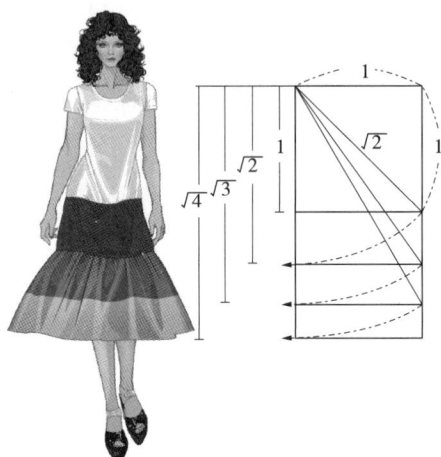

图1-37　方根比及其应用

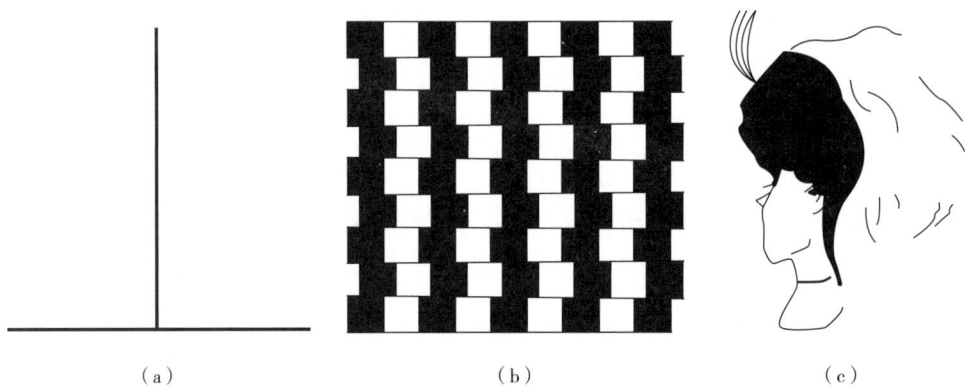

（a）　　　　　　　　　　　（b）　　　　　　　　　　　（c）

图1-38　视错现象

第六节　服装分类与服装风格分类

一、服装分类

服装分类颇为复杂，以不同的分类角度可以划分出许多不同的类别。在服装分类中，一般使用单纯分类和复合分类两种方法加以描述。单纯分类法使用单一的分类名称，简单地概括服装类别，如男装类或女装类，西服类或衬衫类等。复合分类法集多种类别名称于一体，较为翔实地说明某种服装类别，如黑色毛料男礼服大衣、印花丝绸女衬衫等。企业一般以复合分类法划分服装系列，设计师必须准确地把握服装的种类，以便进行产品设计与开发，服装分类见表1–1。

表1–1　服装分类

序号	类别项目	服装类别名称
1	性别	男装、女装、中性装
2	年龄段	婴儿服、幼儿服、童装、少年装、青年装、中老年服装
3	历史年代	原始服装、古代服装（可按各朝代区分）、近代服装（各可按时期区分）、现代服装（仍被现代人穿着的各类服装）
4	季节	春装、夏装、秋装、冬装
5	款式品种	衬衣、西服、夹克、大衣、连衣裙、半身裙、裤子等
6	部位或次序	上衣、下衣、内衣、中衣、外衣等
7	时间	睡衣、晨装、昼装、晚装
8	场合	家居服、外出服、休闲服、运动服、工作服、商务装、礼服等
9	风格	古典、民族、都市、绅士、淑女、运动、休闲、嬉皮、朋克、混搭等
10	用途	时装、工装、制服、运动服装、影视与舞台服装、比赛服装、发布会服装等
11	标识	学位服、法官服、军衔服、警衔服等
12	国别与民族	中外各个国家、各个民族的传统服装
13	职业	军队制服、警察制服、民航制服、铁路制服、学生制服、教师制服、医护服装，饭店等各类服务业工装，厂矿企业及危险作业的劳动保护服装，具有标识性或警示性的工作服等
14	体育运动	足球服、篮球服、体操服、游泳服、滑雪服、赛跑服、赛马服、赛车服、钓鱼服、登山服等各类体育项目的着装
15	特定用途	囚服、病号服、航空服、航天服、潜水服、防火服、防寒服、防生化服装、宗教服装、仿生服装、伪装服、创意服装等
16	纤维属性	天然纤维服装（棉、麻、丝、毛等）、化学纤维服装（合成纤维：涤纶、锦纶、腈纶、氯纶、维纶、氨纶等，人造纤维：黏胶纤维、醋酸纤维、铜氨纤维等）
17	织物属性	机织服装、针织服装、手工钩织服装、无纺服装等
18	材料属性	纺织服装、皮革服装、裘皮服装、塑料服装、金属服装等
19	面料工艺	扎染服装、蜡染服装、绣花（刺绣、补绣、珠片绣）服装、抽纱服装、水洗服装、沙洗服装、缂丝服装等
20	面料花色	单色（素色）服装、条格服装、图案花型服装、拼接混色服装等

序号	类别项目	服装类别名称
21	层或填料	单衣、夹衣、棉衣、羽绒服等
22	生产、经营方式	高级定制服装、高级成衣（工业化生产的小批量服装）、大众成衣（工业化生产的大批量服装）、普通定制服装和自制服装等
23	专业生产方式	牛仔服装、皮革服装、裘皮服装、羽绒服、西服、职业装、内衣、针织服装、钩编服装、绣花服装、防水服装、戏剧服装、婚纱礼服等
24	价格档次	低档服装、中档服装、高档服装

二、服装风格分类

服装风格，是人们对看到的服装与记忆中感觉相似的服装相联系产生的联想。英语中分别用 Style（风格、样式、格调）和 Look（外在、面貌、形象）表述。对于设计师来说，风格就是服装的灵魂，设计中失去了风格，也就会失去设计的方向，结果会使设计成为杂乱无章的拼凑。服装风格不仅表现了设计师独特的创作思想、艺术追求，同时也传达着着装者的审美意趣，反映出鲜明的时代特色。服装风格多样，有许多风格名称。就像服装分类中有单纯分类和复合分类一样，服装风格既有单一风格也有混合风格。可以从民族、地域、历史、艺术和形象等不同的角度对服装风格进行划分，见表1-2。

表 1-2　服装风格分类

序号	类别项目	服装风格名称
1	民族风格	汉族风格、苗族风格、藏族风格、蒙古族风格、爱斯基摩风格、伊斯兰风格、波希米亚（吉卜赛）风格、印第安风格等
2	地域风格	南亚风格、中东风格、北欧风格、南美风格、非洲风格、丛林风格、海滩风格（夏威夷风格）、雪域风格、沙漠风格、西部牛仔风格等
3	历史风格	史前风格、汉代风格、唐代风格、清代风格、古希腊风格、中世纪风格、未来风格（超现实风格或前卫风格）等
4	艺术风格	巴洛克（Baroque）风格、洛可可（Rococo）风格、波普（Pop）风格、朋克（Punk）风格等
5	形象风格	男性风格、女性风格、中性风格、白领风格、都市风格、宫廷风格、田园风格、劳动风格、军旅风格、运动风格、休闲风格、解构风格、混搭风格、流浪汉风格、海盗风格、超人风格、卡通风格（动漫风格）童趣风格、拟物风格等

时代的变迁、社会的进步与发展，使人类审美意识也随之发生变化，现代人在追求自我人生价值、突出个性表现等意识上表现得极为强烈。当我们回首往昔时，那些

与众不同、特点鲜明的服饰，便会闪现在眼前。服装风格表现在具体的着装中，就是通过选择服装的色彩、款式和材料，配合发型、妆容、首饰、鞋帽等，营造适合自身气质的着装风格与形象。对于女性服装的风格，服装界普遍使用的是以下八种感性分类方式。

如图 1-39 所示，米字图形上每条线段的两端分别为相互对立的风格，而邻近的风格相近，也有相互兼容现象，下面分别就这些风格进行详细说明。

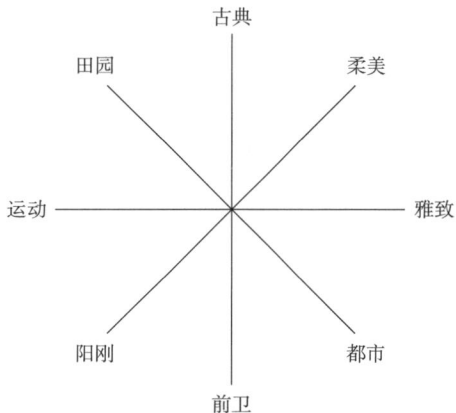

图 1-39　服装感性分类

1.古典风格

古典风格指正统的传统保守派风格，是不太受流行左右的一种服装形象。基本型的正统西装最具有代表性，多为黑、灰、白、藏蓝、深棕、墨绿等沉静色彩的单色或条格面料。

现代服装设计中的古典风格灵感源于古典服装，以追求严谨而高雅、文静而含蓄为主要特征的一种服饰风格。古典风格的服装一直被大众认可，并不断被推向时尚的浪尖，因此，在后人眼中它们就成为古典主义的服装，如 20 世纪初期的香奈儿套装及细长造型具有英国传统服装特点的服装等，在当时都是颇具前卫风格的形象，但现在看来都成了古典正统风格的表现（图 1-40）。

图 1-40　古典风格

2.柔美风格

柔美风格指甜美、柔和富于梦幻的纯情浪漫的形象，是纯粹表现女性柔美的服装形象。设计上一般用柔美的造型，飘逸的流动线条，纤细、薄软、华丽透明的面料等。局部常采用波形褶边、花边等进行装饰，可以完美地表达形象主题。柔美风格或表现少女的天真可爱，或表现大胆、性感、女人味十足。色彩多用浅淡、柔和的色调，如白色、浅藕色等，婚纱是最具代表性的柔美风格服装（图 1-41）。

3.雅致风格

雅致风格指优美高雅的服装形象。表现出成熟女性脱俗考究、优雅稳重的气质风

图 1-41　柔美风格

图 1-42　雅致风格

图 1-43　都市风格

范。多以女性自然天成的完美曲线为造型特点。最具代表性的服装是用花纹精细、手感柔软的丝绸面料设计制作的礼服，色彩多为柔和的色调（图 1-42）。

4. 都市风格

富有时代内涵，功能性强，脱俗、考究、冷静的都市风格，是与田园风格相对立的形象。颜色多用无彩色或冷色系，造型以立体而有棱角的直线构成，与都市建筑、宽阔笔直的马路相呼应，创造一种简洁利落的现代化景观，简练的造型具有职业装特征，表现出现代化都市的紧张节奏，具有强烈的时代感（图 1-43）。

5. 前卫 / 朋克风格

前卫 / 朋克风格是指从抽象、超现实的前卫艺术、朋克文化、动漫卡通、街头艺术等获取灵感，服饰造型追求新异奇特，表现出一种对传统观念的叛逆和创新精神，是对经典美学标准做突破性探索而寻求新方向的设计，常用夸张、卡通的手法去处理形与配色及选择材料。造型特征以怪异为主，所以比较古怪少见，富于幻想，它可以把宇宙的神秘感形象化，创造出超现实的抽象造型，突出表现诙谐、幽默、悬念、恐怖、黑暗的效果，是对现代文明的嘲讽和对传统文化的挑战，追求离经叛道与标新立异的美。例如，采用洗褪色的材料和打补丁、撕裂等破坏手法；或表现穷困潦倒故作粗野且衣衫褴褛的乞丐形象；或佩戴披挂盗枪的万国服装和珠宝首饰的海盗形象（图 1-44）。

6. 阳刚风格

阳刚风格吸纳了男性服装元素的女性长裤套装形象，追求自立精神的新女性魅力，与柔美风格形成对比，其中有假小子、花花公子和中性风格等形象（图 1-45）。

7. 运动风格

运动风格从运动装、工装、军服等中获得灵感启示，具有运动休闲感的服装形象，与雅致风格形成对应效果。运动风格根据灵感来源可以分为专业运动风格、休闲风格、防寒服风格、工装风格、猎装风格、军服风格等（图 1-46）。

8. 田园风格

田园风格是指从欧洲的民族服装或美国垦荒时代的服装

中获取灵感，并展开联想所得到的形象，包括有浓厚乡土气息的乡村农民形象，如俄罗斯、美国西部等乡村风格。

　　田园风格是从大自然中吸取灵感，把触角时而放在古朴的乡村，时而放到大漠荒丘、原始森林及高山雪原，在大自然中找到自己的精神寄托，表现出大自然恬静的永恒魅力，使着装者能够寻觅到那种超凡脱俗的情趣。因此，设计上不加任何装饰、使用自然宽松的线条，色彩以白色、天然纤维色、树木、花草等天然素材的本色为主，面料以质感粗糙和传统手工织造的材料为主，给人回归自然、崇尚自然的感觉。生态环保、原始风貌、回归自然等设计主题都可以与田园风格相结合（图1-47）。

图1-44　前卫风格　　　　图1-45　阳刚风格　　　　图1-46　运动风格

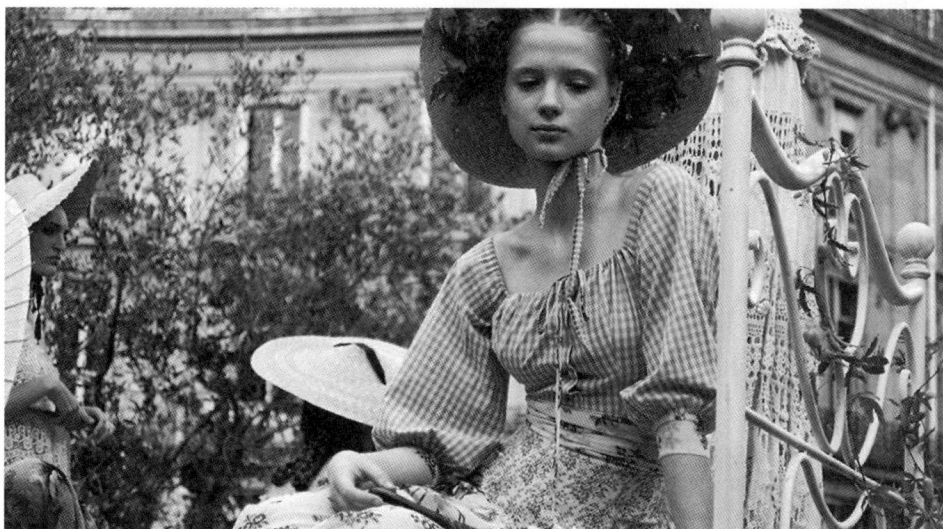

图1-47　田园风格

第七节　服装面料分类与质感

一、轻薄型面料

轻薄型面料受重力影响较小，飘逸感往往大于悬垂感。主要面料包括雪纺、真丝薄织物、薄纱等，适合制作松散型或有褶裥效果的服装（图1-48）。

图1-48　轻薄型面料

二、透明型面料

透明型面料质地轻薄而通透，具有优雅而神秘的艺术效果，包括乔其纱、缎条绢、蕾丝等。为了表达透明效果，常用在服装的最上层，如礼服、婚纱等（图1-49）。

图1-49　透明型面料

三、柔软型面料

柔软型面料一般悬垂感较好，造型线条光滑，服装轮廓自然舒展。这类面料在服装设计中常采用直线型的简练造型，以体现人体的优美曲线。柔软型面料主要包括织物结构疏松的针织面料和悬垂感强的冰丝面料等（图 1-50）。

图 1-50 柔软型面料

四、挺括型面料

常见的挺括型面料有涤棉面料、亚麻面料和各种中厚型的毛料和化学纤维织物等。该类面料制作的服装，一般为轮廓清晰、线条流畅的合体造型，能够突出服装的精确造型，如西服、套装等（图 1-51）。

图 1-51 挺括型面料

五、光泽型面料

光泽型面料的服装表面光滑并能反射出亮光，光影效果明显，明度反差大，有熠熠生辉之感。这类面料包括缎纹结构的织物，常用于晚礼服或舞台表演服的制作，能产生华丽耀眼的强烈视觉效果。用光泽型面料制作礼服、表演服，既可以用造型简洁的设计，也可以用造型夸张、结构繁杂的设计（图 1-52）。

图 1-52　光泽型面料

六、厚重型面料

厚重型面料厚实挺括，包括各类厚型呢绒和绗缝织物。其面料具有形体扩张感，服装造型饱满，有体量感，能形成鲜明、稳定的造型效果。服装设计中不宜过多采用褶裥和堆积，以 A 型和 H 型造型最为恰当（图 1-53）。

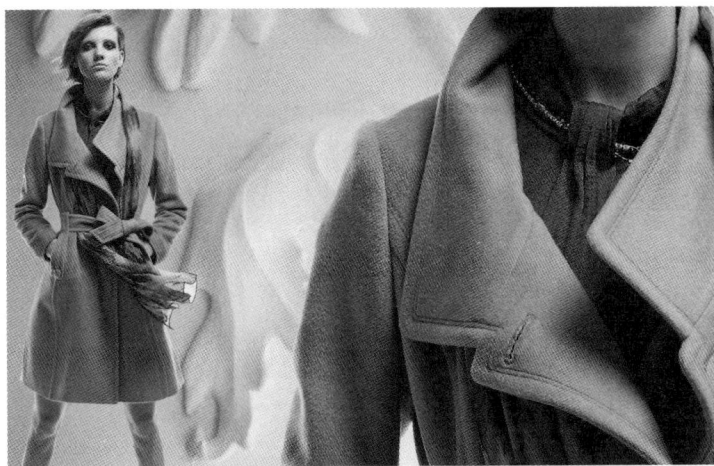

图 1-53　厚重型面料

七、绒毛型面料

绒毛型面料的服装在光照下呈漫反射，光影效果弱，明度反差小，色彩沉稳、真实。用这类面料制作的服装结构线条和层次感不明显，看起来一般比较简洁，所以要避免强调结构感的设计。绒毛型面料主要有毛皮、丝绒、平绒、灯芯绒、哔叽绒等表面带有绒毛的面料（图 1-54）。

图 1-54　绒毛型面料

八、粗糙型面料

粗糙型面料一般指纱线较粗、表面织纹明显的面料，或者有较强肌理感、质感粗糙的面料。用粗糙型面料制作的服装风格豪放，如果与其他质感的面料适当搭配，会产生较强的材料对比效果。粗糙型面料包括花呢、表面有附着物的特殊面料等（图 1-55）。

图 1-55　粗糙型面料

第二章

服装造型与结构

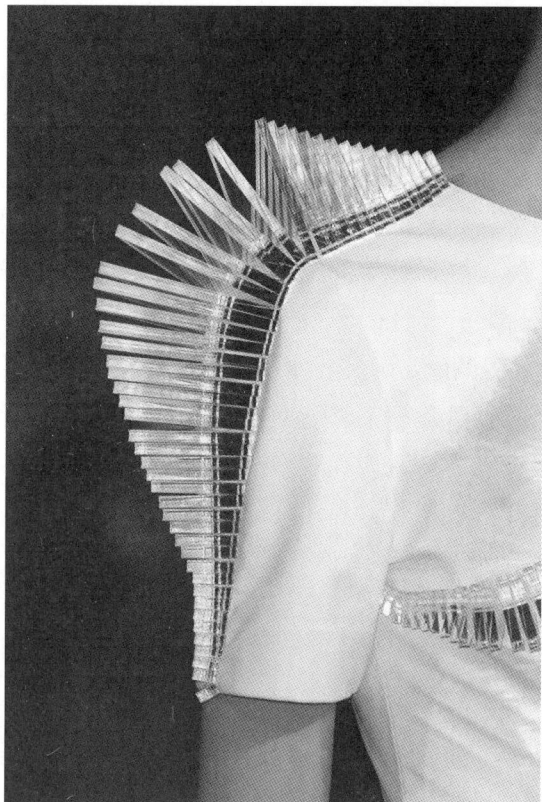

CHAPTER 2

第一节　服装造型

人体大致可以简单分为头部、颈部、躯干部、上肢和下肢这几个基本部位。脖颈颈根、上肢的臂根和下肢的腿根处分别与躯干连接，形成形体界线，依据这些界线划分出服装的衣身、衣领、衣袖和裤腿等，将它们有机地加以组合，就形成了服装的基本造型。人体体表有许多凹凸面，如胸、腰、臀等部位，从任意角度观察人体都能感受到人体的曲线感。合乎人体形态的服装，会让人觉得穿着舒适、行动方便、活动自如，呈现人体的自然美感，所以服装造型设计要满足合体、适体这一基本原则。

制作服装的布料是平面的，必须通过剪裁和工艺造型手段，才能制作出既符合人体造型又具有美感的服装来。服装造型有适体造型和装饰造型，适体造型是指符合人体凹凸变化的服装造型，装饰造型是指具有特定的立体装饰效果的服装造型。常用的造型方法有以下几种。

一、省缝法

省缝法是指面料覆在人体上后，为了使服装的凹凸适合人体，将多余的面料缝合成省道的一种方法（图 2-1）。省缝在服装中有两种形态，一种是从裁片边缘收起的边省，收进部分呈锥形；另一种是在裁片内部收起的内省，收进部分呈枣核形。省缝通常应用在服装的胸、腰、臀等部位。省缝法的特点是：缝制简单，造型效果明显，服装表面简洁，缝迹的效果有一定装饰性。

二、分割法

分割法是指通过分割线的设计，把服装多余的量消除在衣片里的一种方法（图 2-2）。例如，女装中的公主线分割，可以起到突出胸部、收腰和突出臀部的作用。分割法的特点是：收放自如，适合任何部位，造型效果饱满、平顺。流畅的分割线条具有很强的装饰性，可在分割线旁缉明线固定缝份，同时也增加了缝合难度，突出了线条装饰性；也可在分割线内夹嵌花边、流苏、小部件等装饰，给服装添加装饰性元素。可以对服装面料进行不同材质、不同色彩的分割与拼接。采用分割法需要注意，斜线分割容易使面料拉伸变形，弧线分割较难缝合，分割过多会使服装的裁片数量和缝制部位增多，影响生产效率而增加生产成本。

三、褶裥法

褶裥法是通过褶、裥收纳余量，并将其固定在服装缝迹里的一种方法（图2-3）。褶的特点是造型效果显著、突出蓬大，收纳量可以通过褶的多少随意调节，服装穿着宽松舒适，一般在童装、衬衫、连衣裙、礼服的前胸、裙身、衣袖等部位使用。裥的特点是造型收敛、含蓄，在服装表面可以形成具有装饰感的顺畅衣纹。

图2-1　省缝法

图2-2　分割法

图2-3　褶裥法

四、堆砌法

堆砌法一般使用挺括的轻薄型面料，通过对面料的折叠、缠绕、收拢等方法层层堆砌，产生蓬大的体量造型。堆砌法适合时装、礼服等较为夸张的服装整体造型或局部造型，如婚纱、礼服等蓬大裙身的造型（图2-4）。

五、填料法

填料法一般是在造型内的空间中，填充棉絮、海绵等材料的造型方法，如肩垫、胸垫、臀垫、裙撑等。填料法的特点是服装造型饱满、夸张，有体量感和装饰性，也具有弥补体型缺陷的作用（图2-5）。

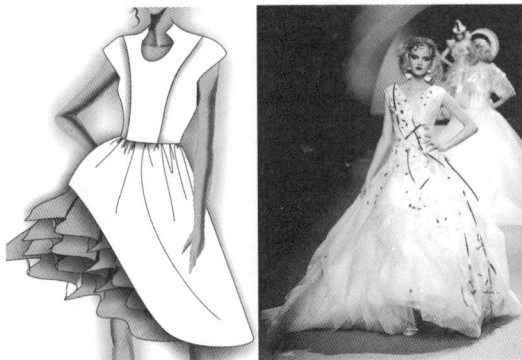

图2-4 堆砌法   图2-5 填料法

六、塑型法

有些面料可以通过物理或化学的方法，对其平面进行立体的形态塑造。服装制作中主要使用物理塑型法，通过一定的湿度、温度、压力和时间控制，使织物发生形变并稳定下来。例如，手工归拔或使用模具熨烫就是运用了物理塑型法。塑型法的特点是：造型部位圆润、饱满，使服装整体造型合体、简洁。但塑型法一般适用于毛织物，可塑程度有限，容易损伤面料，手工操作对技术要求较高，目前一般只在高档西服生产中使用。

七、使用弹性面料

在运动服装和内衣等许多紧身服装设计中，往往使用针织或加有氨纶的面料进行制作，这样可以利用面料的弹性来适合人体的凹凸变化，或补偿由于运动引起的面料拉伸变形。此方法的特点是：不需要额外的造型设计，制作工艺简单，穿着效果简洁，适身合体，但会略有紧绷感。

第二节　服装廓型的分类

服装廓型就是服装的轮廓形状，是对服装形制的概括，也是服装结构设计的基础，如在廓型上添加其他的服装结构元素就构成了服装款式。在流行过程中，廓型同色彩、材料、结构一样，都是形成服装流行的主要因素。服装造型的总体印象就是由廓型决定的，廓型可以表现出服装的风格和理想的人体形态美。逆光下，廓型甚至先于色彩首先映入人们的视线中。廓型是服装款式设计的第一要素，它决定着服装的主体格调，并将影响色彩和材料的设计。

服装廓型可以体现出服装的时代风貌。纵观中外服装的发展史，服装廓型一旦发生变化，往往是服装样式的一次革命，是服装发展史上朝代、时期的分水岭。例如，第二次世界大战结束后，女装依然留存着战争的痕迹，宽肩、男性化、机械性、军服式等是当时的服装组成元素。1945~1946 年逐渐由这种硬朗的、严肃的感觉向柔和的女性化方向发展。克里斯汀·迪奥在 1947 年的首届时装发布会上推出了丰胸、细腰、圆臀、自然肩线、充满女性特色的新造型（New Look），其优雅风格成为具有革命性和历史性转折的佳作。随后的十年，他又推出一系列字母造型时装，分别用 A、H、Y 等英文大写字母来比拟他的作品的廓型。20 世纪 50 年代的字母型，60 年代"迷你型"的直线型短裙，70 年代末的倒三角形造型及喇叭裤，80 年代初的长方形造型和宽肩的倒梯形造型等。

各个时期的服装都有着不同的轮廓造型，这些廓型的变化构成了一个时尚循环，是流行变化的重要标志之一。因此，每年服装流行发布的要点之一就是廓型，通过对廓型的定性来传递最新信息和指导穿着方向。研究时装完全可以由廓型的更迭变化分析出服装演变发展的规律，预测未来的流行趋势。描述服装廓型的专业名词众多，为了帮助大家快速理解和记忆，下面对描述廓型的主要方法进行归类说明。

一、字母型法

字母型法主要使用英文字母中几个具有象形意义的大写字母，如 A、H、O、P、S、T、V、X、Y 来描述服装廓型，此法使用语言或文字表达，通俗易懂，有很高的概括性。但此法所能够描述服装廓型的字母数量极其有限，无法满足现代服饰发展对服装廓型表述的需求。字母型法是早期时装设计大师们创造的，往往用于服装史上非常经典或国际著名设计师的代表性作品，如迪奥的 A、H、Y 等廓型，后来许多设计师在时装舞台上，又多次重新演绎了这些经典造型（图 2-6）。

| A 字型 | T 字型 | Y 字型 | V 字型 | X 字型 |

图 2-6　字母型法描述的部分廓型

二、几何法

几何法是使用平面几何图形或立体几何图形来概括服装廓型的方法，此法方便实用、通俗易懂，描述范围较广，是目前概括服装廓型的常用方法。可以分为单纯几何法和复合几何法两种形式。

单纯几何法是使用圆形（球体）、椭圆形（椭圆体）、正方形（正方体）、长方形（长方体）、梯形（台形）、三角形（锥体）等简单的平面几何形（或几何体）来概括服装廓型的方法，适用于造型简单的服装廓型。

复合几何法是使用两个以上的几何图形加以复合来概括服装廓型的方法，相同或不同的几何图形通过复合，大大地增加了几何法概括服装廓型的范围，一般适合较为复杂的服装廓型描述（图2-7）。

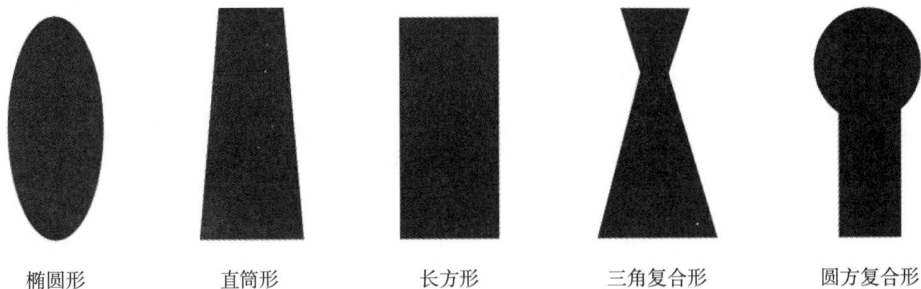

| 椭圆形 | 直筒形 | 长方形 | 三角复合形 | 圆方复合形 |

图2-7 几何法描述的部分廓型

三、剪影法

剪影法是以真实的服装轮廓，以类似剪影的图示来描述服装廓型的一种方法。此法形象、准确，对服装廓型的描述范围更广。使用剪影法表达的服装廓型一般难以用语言表达，但随着服装形态的丰富和"图形文化"的到来，此法将会更多地被纸质或电子媒介使用（图2-8）。

四、物象法

物象法是用人们熟知的物体形象来描述廓型的一种方法，对服装的描述范围较窄，但通俗易懂。例如，喇叭型的裤子、吊钟型的裙子、沙漏型的连衣裙、美人鱼型的晚礼服等（图2-9）。

图 2-8　剪影法描述的部分廓型

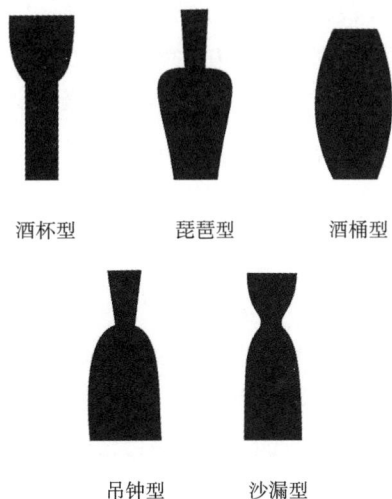

酒杯型　　　琵琶型　　　酒桶型

吊钟型　　　沙漏型

图 2-9　物象法描述的部分廓型

第三节　服装基础结构

　　服装设计包含作品的内涵和形式，服装内涵通过形式表达，形式通过服装的色彩、材料、款式呈现出来，即人们常说的服装三要素，其是构成服装形式美的基本条件。服装色彩融于材料之中，材料构成服装款式，各元素之间相互关联，缺一不可。对于设计师而言，只有服装款式才是设计师能够随意设计变化的，色彩和材料一般只是选择和应用，因为各色面料是由厂商提供的。当然，有些设计师也可以对购买回来的材料加以改造，或独自设计并向材料厂商订购。

　　现代服装设计是在对前人创造的服饰成果加以继承的基础上，进行再创造的一种设计行为。经过长期发展，构成服装款式的结构元素项目基本确定。通过对服装的结构元素进行归类后，我们会从中发现服装款式的基础结构元素是有限的，主要分为服装廓型、结构线、分割线、省缝、边口、衣领、门襟、闭合材料、衣袖、口袋、褶裥、面料肌理、装饰、结构层次等。每项元素的形式多样，可随意变化，有无限的设计空间。所以目前所见的各种服装款式，一般都是对这些构成服装款式的结构元素进行重新组合或变化。

　　服装款式的结构元素项目分为必要结构元素和可选结构元素两大类。必要结构元素包括服装廓型、结构缝和边口，这三个元素项目是所有服装不可或缺的基本结构元素，可以直接构成较为简洁而平淡的基本款式。其余元素项目则是可选结构元素，包括衣领、衣袖、分割线、省缝、门襟、闭合材料、口袋、褶裥、面料肌理、装饰、结构层次，其中衣领和衣袖是上衣特有的结构元素，可以根据服装的款式要求或设计需要进行选择。可选结构元素具有一定的实用性或装饰性，适当地融入服装设计之中，可使服装变化多端、妙趣横生（图 2-10）。

一、结构线

人们通过多人体结构的分析，把人体概括为头、颈、胸、臀、上肢、下肢等部位，分别把各部位的交界线称为颈围线、臂根线、腰围线、肘围线、腿根线、膝围线等（图 2-11）。根据人体结构部位的这些界线，将平面的面料经过裁剪、缝合，做出合体的服装。人们经过长期对服装各种基本式样的裁剪实践，已经形成了稳定的裁剪方法，裁片也就有了相对固定的形状，其裁片缝合后产生的缝迹，就被称为结构线（图 2-12）。例如，裙侧缝、腰头与裙身间的腰缝；裤前后裆缝、下裆缝和侧缝；衬

图 2-10　基本款式和加入可选元素的变化款式

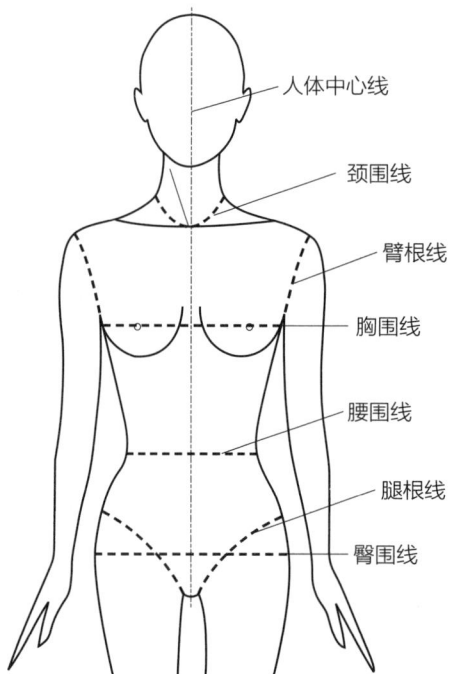

图 2-11　服装设计中需要考虑的人体结构部位

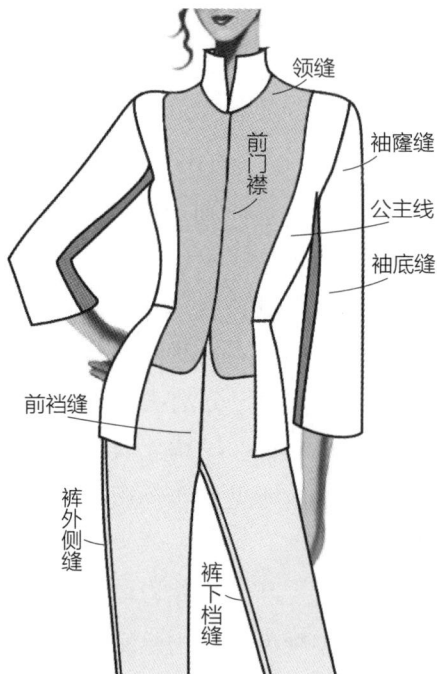

图 2-12　服装的结构线

衫的肩缝、过肩缝、领缝、袖窿缝、袖底缝和侧缝等。因为在这些部位缝合的衣服最为合体，或能够恰当地表现特定的服装式样，所以这些结构线就成了基础分割，划分出了衣领、衣袖、前后衣身等服装零部件。精通服装结构的设计师，会在这些看似一成不变的结构线上进行变化，比如将其分解、转移、合并，或通过对其线形加以变化等方法来表现其独特的设计。

对于服装设计初学者来说，经常会忽略结构线的存在，不在效果图或款式图中加以表现，这需要引起注意。结构线是服装设计中基本的设计内容之一，是不可缺少的必要元素。

二、分割线

人们常将做事完美形容为"天衣无缝"，但无缝服装只是理想，很难实现。巧妙地运用分割线，使服装表面形成各种线条装饰，能给服装设计带来无穷无尽的变化，使服装款式变得丰富多彩。

服装上的分割线是出于服装结构的需要或为了设计上的变化而存在的，前面谈到的结构线就是分割线的一种。分割线有直线、曲线、折线、复合线、象形线、自由折曲线等，还有单线、组线、并列线、交叉线等。为了使服装更加合体或为了特定的服装造型等，常在设计中加入纯分割线、装饰造型分割线和复合分割线等（图2-13）。

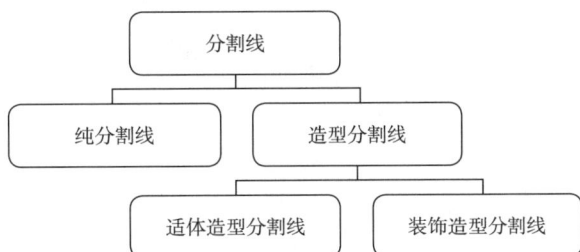

图2-13　服装结构分割的类型

1.纯分割线

纯分割线（图2-14）是指没有造型意义的分割线。在缝制工艺允许的条件下，可以在裁片任何位置进行直、曲、折等线形的自由分割裁剪，缝合拼接后的衣片仍旧平展，不能出现任何凹凸，这就是纯分割，一般也被称为"拼接"。纯分割的目的是：

（1）进行不同色彩、不同图案、不同材料的面料相互拼接，产生特定的对比效果，边界线条也有一定的装饰效果。

（2）通过在分割线上缉明线、包边等方法，突出线条的装饰效果。

（3）可以在分割线内嵌入花边、绳、襻、流苏、拉链等辅料，以增加服装的装饰性元素。

（4）为口袋留存袋口。

（5）夹入服装部件形成复合结构，增加服装的层次效果。

（6）因羊皮等天然皮革的面积不能满足裁片尺寸或为节省材料需要进行拼接。上述目的和方法，同样可以在后面介绍的几种分割形式中采用。

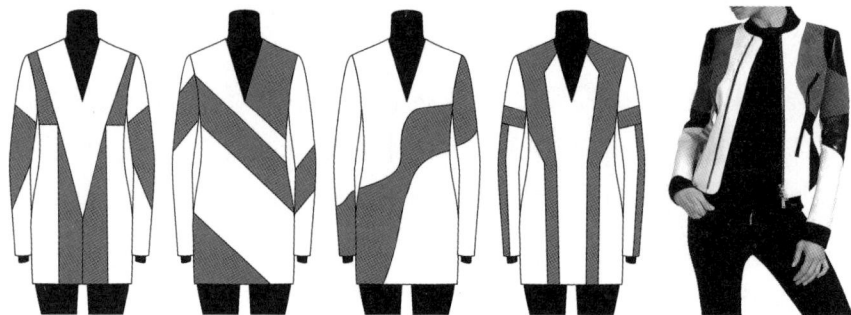

图 2-14　纯分割线在服装中的运用

2. 造型分割线

造型分割线是指出于造型目的的分割线。两片裁片的对应边缘线形不能完全吻合，缝合后的衣片产生凹凸现象，以满足造型的需要。造型分割线有适体造型分割线和装饰造型分割线。

（1）适体造型分割线。适体造型分割线是为了让服装的形态适合人体的凹凸部位，使服装合体而设计的分割线，前文讲到的结构线一般都是这类分割线（图 2-15）。围绕人体的胸、腰、臀、肩胛骨等部位的分割线，通过精确的尺寸测量和合适的收放量把控，可以使服装与人体凹凸形态相吻合。例如，公主线、刀背线等，以前从事服装裁剪的老师傅将这些线条称为"艺匠线"，因为此类线条是要认真揣摩的，也是可以变化的。适体造型分割线的主要目标是"三凸一收"，即凸胸、凸臀、凸肩（肩胛骨）和收腰。在崇尚人体美的今天，合体的服装更受人们喜爱。

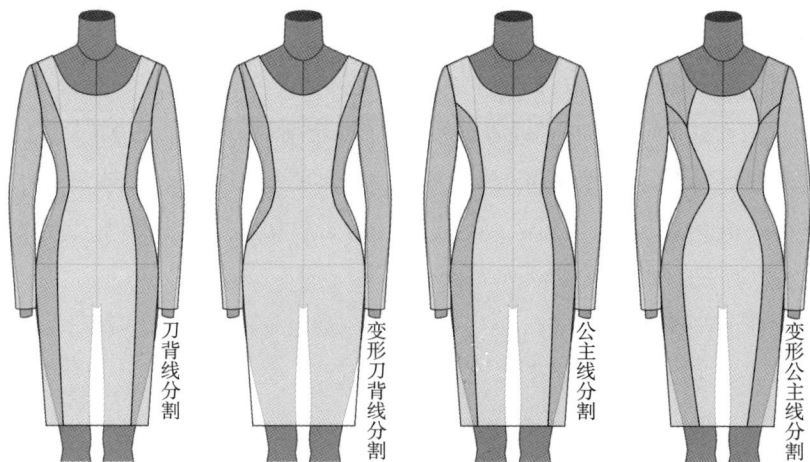

图 2-15　适体造型分割线在服装中的运用

（2）装饰造型分割线。装饰造型分割线是为了使服装整体具有特定的造型或塑造服装的局部造型效果所采用的分割线（图2-16）。在创意服装设计中，常用装饰造型分割线创造一些奇特的造型，如为使袖山呈灯笼造型的衬衫，裤腿肥大、宽阔的哈伦裤，夸张臀部造型的吊钟形裙体等而采用的一些分割线。有时为了使服装具有特殊的功能性或机能性而采用的造型分割线，也会有很强的装饰性，如马裤上极度弯曲的侧缝线，既塑造出了夸张造型，又使骑马者在马上运动自如且舒适。

（3）复合分割线。复合分割线是将不同造型意义的分割线加以复合，使分割线既有造型意义又有装饰意义（图2-17）。复合分割线的巧妙运用，可以使服装在结构上变化无穷。

图 2-16　装饰造型分割线在服装中的运用

图 2-17　复合分割线在服装中的运用

三、省缝

为了使服装的某些部位适合人体造型，或者表现一些特定的服装造型，在服装各裁片缝合前，先在裁片的特定位置进行局部缝合，使裁片产生具有凹凸感的造型效果，这样在裁片上进行的局部缝合就是省缝。省缝可以分为基本型省缝和异形省缝，也可以结合分割线、褶、裥、镶嵌饰品等方式进行复合设计。

1. 基本型省缝

基本型省缝一般都是将余量直接缝合，在服装表面看到一条短线段，但不会像分割线那样在服装上形成贯穿的线条。省缝分为内省和边省两种基本形式，如图 2-18（a）所示为内省，如图 2-18（b）、图 2-18（c）所示为边省。

（1）内省是嵌入裁片内部的封闭省缝。内省的缝进部分一般都是菱形或枣核形，常见于上装的腰部（称为"腰省"），前身腰省起到凸胸、收腰和凸腹的作用，后身腰省起到凸肩（胛骨）、收腰和凸臀的作用。

（2）边省是自裁片边缘插入其内部的半开放省缝。边省的缝进部分一般都是锥形，如服装上的肩省、袖窿省、腋下省和裤（裙）腰省等。边省尖端都指向人体的胸部和臀部等凸出部位，通过收省使服装在这些部位合体。例如，围绕乳点的边省通过制图与样板的技术处理，可以进行省缝转移、分散等操作；或变化位置和省缝数量；或结合褶裥等其他造型方法形成复合省缝，可以变化出许多精巧的省缝设计。

2. 异形省缝

异形省缝一般有曲线形、折线形、T 形、Y 形、直曲复合形等，异形省缝须先剪开布料后再缝合。异形省缝一般制作工艺难度较大，较少用在成衣设计中，但应用在高级定制服装、创意服装、比赛服装、发布会服装等批量少的服装中，其独特、新颖的设计会增加产品附加值，彰显创造的魅力。如图 2-19 所示为不同形式的异形省缝。

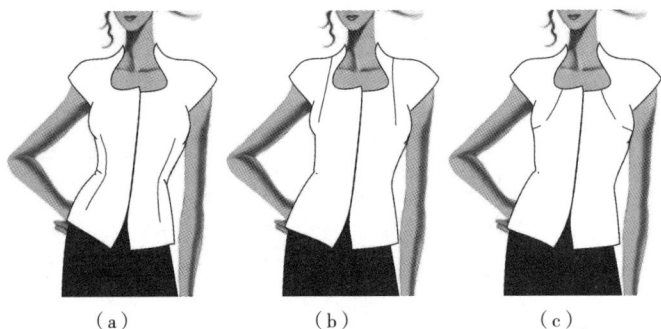

（a）　　　　　　　（b）　　　　　　　（c）

图 2-18　基本型省缝

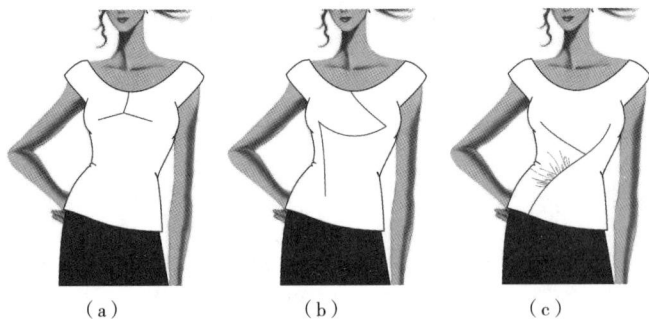

（a）　　　　　　　（b）　　　　　　　（c）

图 2-19　异形省缝

四、边缘工艺

服装的边缘有领口、袖口、底边、袋口、腰口、裙摆、裤脚口、开衩、门襟、袋盖等部位。边缘工艺可能会影响服装的品质，边口设计也可能会左右服装的风格，设计师必须认真研究边缘工艺和材料，了解需要使用的专用设备。常见服装边缘工艺是折边或勾缝贴边方法，特点是制作简单，边缘光滑。

边口设计常被忽视，其实，服装设计可以在边口处大做文章，使服装呈现丰富多彩的效果。边口多为直线、曲线、折线，也可以是象形曲线、复合线、自由线型等。为了突出边口的装饰性效果，可以通过缝、缉、绲、镶、拼、缭、绣、贴、缀、夹、嵌、锁、铆、贴、勾、绱等工艺技法，将毛条、流苏、绳带、蕾丝花边、绣片、串珠、铆钉、罗纹布、松紧带、拉链牙等辅料，固定在服装边缘；也可以将边缘进行外翻、抽纱、编结、缠绕、破损、镂空、反缝、打孔、穿绳、抽褶、重叠等处理（图 2-20）。

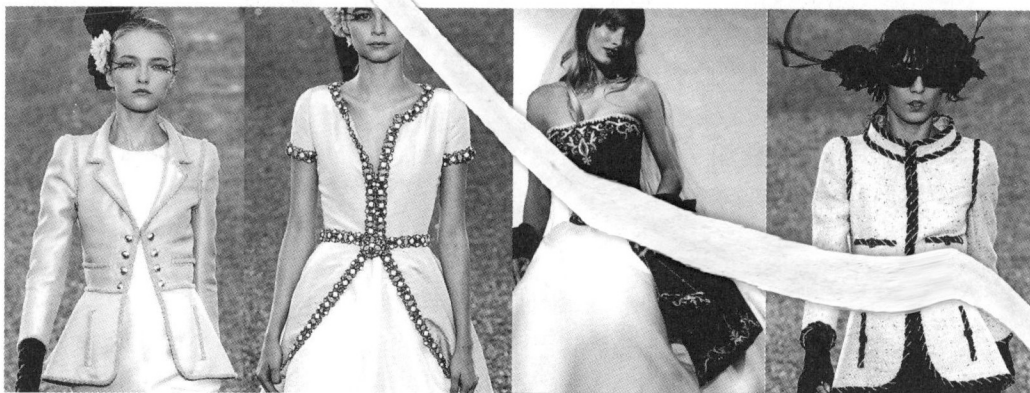

图 2-20　边缘工艺

1. 净边或毛边

适合无纺布等不易脱纱的面料制作的服装，对服装边缘不做任何工艺处理，边缘为简洁的净边；如果是容易脱纱的机织面料制作的服装，抽掉边缘的纬纱（或经纱），经揉搓后为粗犷的毛边［图 2-21（a）］。

2. 锁边

机器锁边，一般使用普通锁边机［图 2-21（b）］，或使用卷边锁边机用多股弹力线密缝锁边，使服装边缘拉伸卷曲，适合制作婚纱裙摆、头纱和丝巾等。手工锁边，使用具有装饰感的粗线或丝带，用较粗的手针沿边缘锁拢。

3. 折边后缉明线

边缘锁边后单折边或双折边，或里面缝合翻烫后，使用缝纫机缉明线，可以为单线、双线、多线平行，也可以为之字线、曲线或花式明线，服装边缘装饰效果显著。明线多用于牛仔服装和休闲服装［图2-21（c）］。

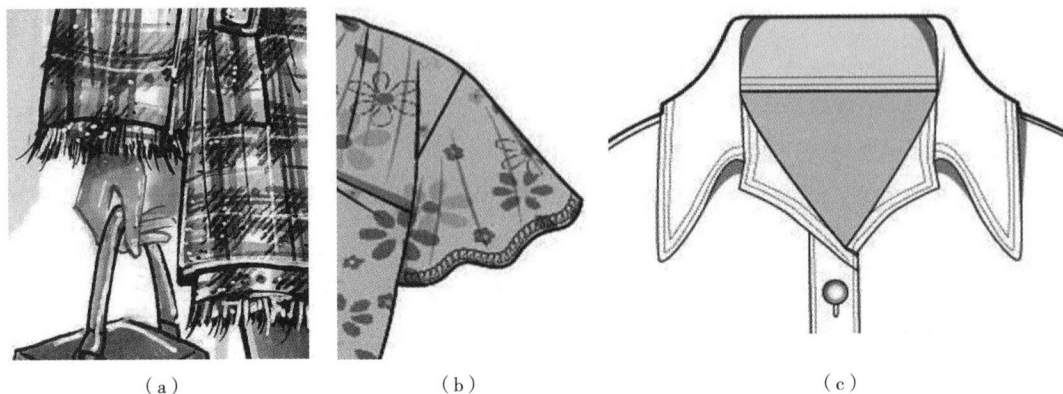

（a）　　　　　　　　（b）　　　　　　　　（c）

图2-21　毛边、锁边、明线

4. 折边后内侧暗缭

锁边后单折边，使用机器或手工在内侧暗缭，服装边缘整洁。多用于西服、大衣、制服等正式服装中。

5. 勾缝贴边

在服装的边缘勾缝贴边后翻转整烫，再把贴边的另外一边与服装面料暗缭或使用热熔胶带固定，此法适合折线、曲线等花式边缘。

6. 镶牙儿

镶牙儿使用与面料色彩或材质相异的商品镶牙儿条（或自制镶牙儿条），压缝在服装边缘或分割线内，露出0.3~0.5cm。镶牙儿对服装的装饰效果较强，常用在旗袍和带有民族服饰风格的时装、服务类工装等服装上［图2-22（a）］。

7. 绲边

用斜纱条将布边两侧包裹，绲边宽度一般为0.4~1cm，对服装的装饰效果较强，常用于旗袍等民族风格的服装上［图2-22（b）］。

8. 镶边

用装饰感较强的其他面料，按照服装边缘形状裁成宽2~10cm的长条，裁片表面相对沿边勾缝，翻转后整烫平展，上口缉明线（或暗缭）固定。多在旗袍、民族服装等传统服装上使用，在现代服装或创意服装上使用也有很好的效果［图2-22（c）］。

9. 拼接

使用多种不同花色或材质的面料，在服装的边缘进行拼接，拼布宽度一般大于5cm，装饰效果强烈，可用于各类时装［图2-22（d）］。

（a）　　　　　　（b）　　　　　　（c）　　　　　　（d）

图 2-22　镶牙儿、绲边、镶边、拼接

10. 流苏

将不易脱纱的布料或皮革边缘剪成细条，长度一般为 5cm 以上。或购买商品流苏镶嵌在服装的边口或分割线上，服装效果粗野、豪放，多用于摩托车服或牛仔风格的服装 [图 2-23（a）]。

11. 蕾丝

将购买的商品蕾丝边缝在服装的边口或衣身上，多用于柔美、可爱的女装 [图 2-23（b）]。

12. 木耳边

一般使用与面料相同的布料，将其裁成长条，对折后穿线抽褶形成木耳边，宽度一般为 2~5cm，镶嵌在服装的边口或分割线上，使女装显得柔美可爱 [图 2-23（c）]。

13. 荷叶边

通常将与面料相同的布料条进行弧形裁剪后拼接在女装的衣袖、衣身、裙摆、裤腿的下端或夹嵌在衣身的分割线上，宽度一般为 10cm 以上，使女装显得流畅、飘逸 [图 2-23（d）]。

14. 其他边缘工艺

夹嵌拉链、毛皮、毛条、羽毛、编结绳等，或夹嵌袋盖、口袋等服装部件，使服装结构错落有致，装饰效果强烈（图 2-24）。

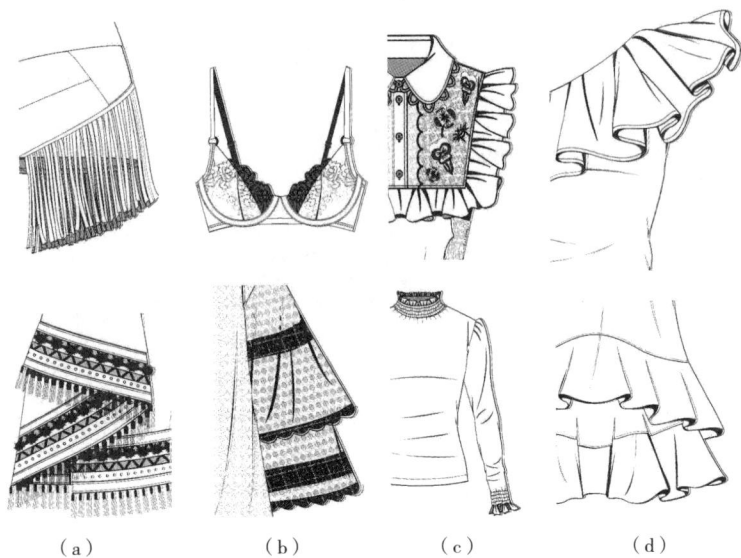

（a）　　　　　　（b）　　　　　　（c）　　　　　　（d）

图2-23　流苏、蕾丝、木耳边、荷叶边

图2-24　其他边缘工艺

五、衣领

因为衣领接近面部，在人的视平线范围内，是最为醒目的视觉焦点。在上衣的设计中，衣领占有十分重要的位置，是所有结构元素中的重点。衣领有审美、保暖、卫生、护体等功能，也有一定的象征性和标识性，而且在很大程度上决定着服装的风格。适当地调整衣领的大小、式样和位置，可以改善头、颈的视觉比例关系，来补偿人体的缺陷。设计衣领时要善于采用对称设计或非对称设计，对称的衣领给人以端庄、稳重的感受，不对称的衣领具有运动、时尚的感觉。

衣领的设计一般都是围绕颈部进行，颈围线在颈根部位，是经由前颈点、颈侧点、后背第七颈椎点连接成的曲线，是区分领型的基准位置。一般将领型分为无领、立领、翻领等形式。立领和翻领是基本领型，设计上也有基本领型之间的过渡型、复合型和领帽结合等形式（图2-25）。

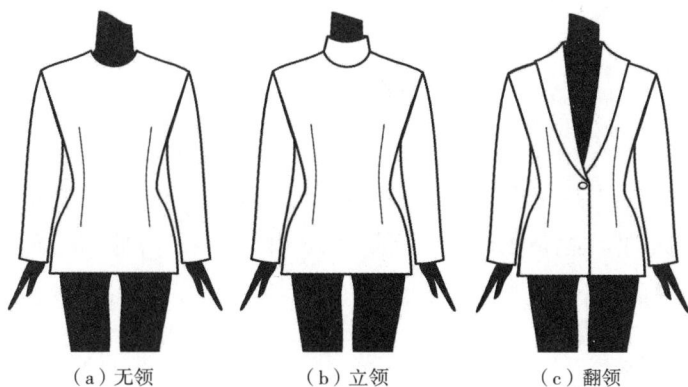

（a）无领　　　　　　　　　（b）立领　　　　　　　　　（c）翻领

图2-25　基本领型

1.无领

无领是指没有衣领结构的服装领口，围绕颈部的领口线条形状就是无领的领型。常见的无领领型有圆型、方型、V字型、U字型、一字型等。在设计上，主要是通过改变领口线的形状，调整领口的宽窄和高低，或对领口如同边口那样进行装饰性工艺等方法。

无领是最简单的基础领型，但效果却因线形和装饰的不同而变化万千，无领设计不仅有直、曲、折的线条形状变化，领口位置也可以横向进行宽度变化，纵向进行高低变化。为了加强无领设计的造型效果，也可以在其边缘缉缝明线，或通过绲、镶、嵌、补、拼、缀等不同的工艺技法进行装饰。无领服装的领口与人体肩颈部的结合工艺有很高的要求，领线太低或太松则在低头弯腰时容易暴露前胸，领线太高或太紧又会让人感觉不舒服。传统服装中的无领衫在清代时使用较多，但那时的领口紧贴颈根，前面系扣襻，略显呆板。现代领口形状可谓丰富多彩，这正是时代进步的缩影（图 2-26）。

图 2-26　无领

2. 立领

立领是由颈围线向上，竖立在脖颈周围的一种领型，衣领与衣身的结合部位在颈围线附近，可根据向上延伸的角度分为直立型、内倾型、外倾型三种形式。内倾型是典型的东方风格立领，这种立领与脖子之间的空间较小，显得比较含蓄内敛。而在欧洲，则倾向于外倾型，领型挺拔夸张、豪华优美、装饰性极强（图 2-27）。

图 2-27　立领

从结构上来看，根据开襟形式立领可分为封闭型立领和开放型立领。封闭型立领只出现在无襟服装的领口处，这类服装需要套头穿，所以开口尺寸要保证能够通过头部，一般使用弹性织物制作。开放型立领有开口，衣领两端分离、相对或重叠，主要出现在半襟或通襟服装上，如学生领、旗袍领、方领等领型。开放型立领有对称和非对称造型，设计灵活多样、丰富多彩。立领设计还可以进行复合变化，如带有领座的中山装领和男衬衫领，就是立领与翻领的复合，称为"翻立领"。

3. 翻领

翻领是指翻伏在衣身表面的衣领。翻领的外边口线变化非常丰富，可分别使用直、曲、折线条，也可以使用复合线条或自由线条。翻领形态一般不受其他因素的约束，可高可低、可宽可窄，变化要比立领和无领更丰富，因此设计起来很方便，是大多数人喜爱的一种领型。翻领可以分为小翻领、大翻领、其他领型。

（1）小翻领。小翻领是沿颈围线附近向外翻转的领型，如圆领、Polo衫领等领型（图2-28）。

图2-28 小翻领

（2）大翻领。大翻领前面部分远离颈围线，在胸前翻转的领型，从工艺角度可以分为翻驳领和夹嵌式翻领。从衣襟直接延续并翻转出来的领型称为翻驳领，领子的前端翻折部位为直线，领口呈V形，如西服的平驳头、戗驳头、青果领等。夹嵌式翻领是将领子缝合在领口的边缘处，然后向外翻折形成的领型，领口可以呈U形曲线，如海军领等。

大翻领一般是前胸部分开放，穿着凉爽，能露出内衣、领带和项链等，使胸、颈部位的服饰层次丰富，适合制作夏装或外衣。平驳头西服领是典型的翻领式样，以它为基本型，通过变换外领口线的形态，调整衣领的高低、宽窄和比例等，就可以衍生出形形色色的翻领款式（图2-29）。

（3）其他领型。衣领还有复合领、匍领、连身领等许多变化形。匍领是直接由衣襟向外延续或拼接出来的领型，因为不向外翻转，所以服装胸部平服，简洁。连身领是衣领与衣身相连的一种领型，一般是由衣身顺着脖颈向上形成的立领形式（图2-30）。

图 2-29　大翻领

图 2-30　其他领型

六、门襟

门襟亦称"开襟"，是指为了穿脱方便，在服装上做的开口。服装门襟与衣领相互连带，所以要同时设计。门襟有无襟、半襟（半开放衣身）和通襟（开放衣身）三种形式（图 2-31）。

图 2-31　门襟类型

无襟服装和半襟服装的衣身为封闭或半封闭的筒状，有自上而下套头穿的"贯头衣"，如衣身宽松的睡衣、连衣裙，合体的针织背心、泳装、T恤等，也有自下向上穿的裙和裤等。通襟是指衣身上有上下贯通的开口，可以任意开合。门襟的边缘称为

"门襟止口线"，门襟止口线可以为直线、曲线、折线和复合线等。门襟还有对襟形式和掩襟（搭襟）形式，对襟服装的襟口相对，一般使用拉链或盘扣固定。掩襟服装的衣襟左右重叠，相互掩合，一般使用纽扣或子母扣固定，也有用绳带系扎的。

中国古代服装的"交领右衽"，是指衣领绕过颈部交于前中心，左襟掩右襟，相互重叠的掩襟形式。在我国的传统服饰文化中，不分男女，掩襟服装都是左身压右身。而现代各国服装，男装一律左身压右身；而女装则左身压右身或右身压左身皆有之，但右身压左身是主流（图2-32）。

1. 上衣门襟

上衣门襟位置一般在衣身前方，门襟自前端领口的任何位置开始，半襟止于前衣身内的任何位置（图2-33），通襟止于前衣底边的任何位置（图2-34）。大多数服装的门襟都在服装的前中心线上，使左右衣身对称，便于穿脱，而偏离中心线的其他门襟形式称为偏襟。

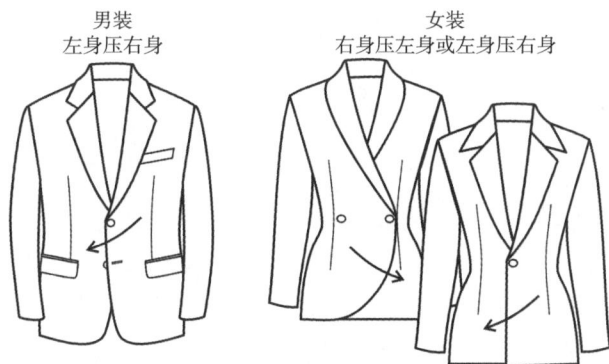

男装
左身压右身　　　女装
右身压左身或左身压右身

图2-32　男女服装搭襟的区别

图2-33　半襟位置

图2-34　通襟位置

2. 裙和裤的门襟

裙和裤的门襟位置一般在前后中心和两侧，自腰向下开口，大多为半襟，围式裙为通襟（图 2-35）。

图 2-35　裙和裤的门襟

3. 开衩

自下向上的开口称为开衩，虽然不叫作门襟，但也有与门襟相似的功能。上衣的开衩一般出现在衣摆或袖口处，如西服的后背缝开衩和袖口开衩等。裤和裙的开衩一般在裤脚口、裙摆处，如旗袍的侧开衩。开衩可以使服装穿着舒适、便于活动，也增加了服装的结构装饰感。

七、闭合材料

门襟将服装衣身的局部或全部敞开，使服装穿着方便，大部分服装穿着时都要把敞开的衣身封闭，封闭并固定门襟的服装辅料称为"闭合材料"。闭合材料的种类有纽扣、子母扣、粘扣、锁扣、拉链、绳襻、带卡和别针等，以不同材料、形状、颜色的纽扣和拉链为主。闭合材料的选择要符合服装的风格，也要和衣领、门襟同时设计。

八、衣袖

衣袖是上衣结构的组成部分，衣袖的结构形式直接影响服装的肩部效果，腋下袖底的外观，以及穿着的舒适性、衣身的宽松程度和服装造型。

衣袖与衣身相互结合、密不可分，根据衣身和衣袖的结构关系，衣袖分为连身袖、插肩袖和装袖三种基础袖型。无论如何对衣袖进行设计变化，都难以脱离这三种基础袖型。另外，衣袖按长短可分为无袖、短袖、半袖、七分袖、八分袖、长袖和甩袖（水袖）等（图 2-36）。

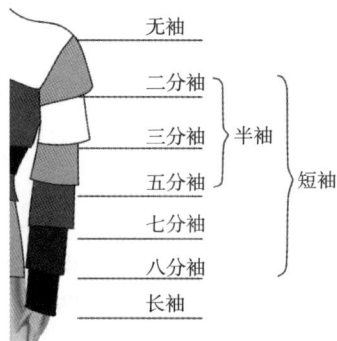

图 2-36　衣袖长度

1. 无袖

无袖是指上衣的袖窿处没有袖身。无袖服装很多，如背心、马甲和无袖的各类上衣、连衣裙等。虽然无袖，但可以在服装袖窿的边缘处，进行线条变化或装饰，这样也会取得各式各样的设计效果（图2-37）。

2. 连身袖

顾名思义，连身袖就是衣身与衣袖连在一起的袖型，是最古老、最简单的服装结构形式，民国以前的中国传统服装都是此类袖型。连身袖服装造型宽松，穿着舒适、风格古朴，古代服装的"十字裁剪法"便是如此。衣袖若双臂展开呈水平状，前后衣身和左右衣袖便连成一片。水平型连身袖（即平肩型连身袖）是中国古代服装的基本结构特征，但这种宽身大袖的造型也有缺点，如当双臂自然下垂时，从外观上来看，服装腋下多褶皱、肩部有压迫感、腋下有异物感等（图2-38）。

清末民初，随着洋装的盛行，追求紧身合体的服装成为时尚，人们开始对水平型连身袖加以改进，首先将前后衣片分开裁剪，分别出现了顺肩型连身袖和曲肩型连身袖，衣袖的倾斜角度更加接近人体常态（图2-39）。

图2-37　无袖设计

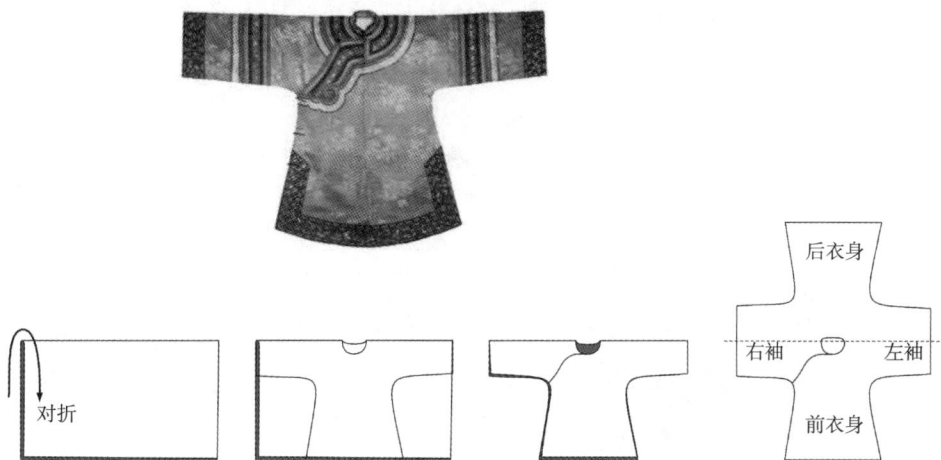

图2-38　传统的连身袖结构

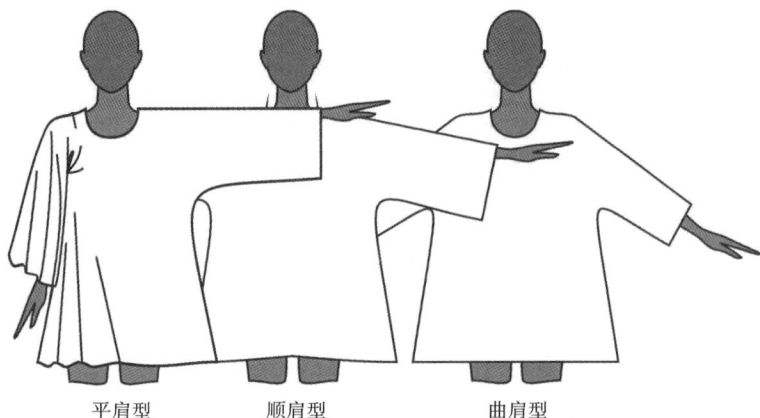

平肩型　　　　顺肩型　　　　曲肩型

图 2-39　连身袖的三种形态

连身袖的斜度影响连身袖服装的合体程度。如果衣袖的斜度小，手臂落下时肩部就会产生不适感，并且衣袖会有吊起和紧绷感，腋下产生皱褶。通过增大衣袖倾斜角度，虽然减少了腋下褶皱、缓解了肩部压迫感和腋下异物感，但又出现了腋下尺寸不足而造成抬臂困难等新的问题。为此，人们又通过腋下开剪口，插入三角布来加长袖内缝长度，通过这样的补偿措施，确保了腋下部分有足够的运动余量，这样，服装前后与侧面的过渡具有了一定的立体感，服装的整体造型也可以做得略加紧身合体，改良旗袍等中式服装便应用了这种方法。

连身袖适合制作罩衫、长袍、旗袍、夹克等比较宽松的服装（图 2-40），不适合制作内衣等合体的服装。蝙蝠袖是连身袖的代表性袖型。

3. 插肩袖

插肩袖是指衣袖与肩连为一体的袖型。插肩袖是独立于衣身裁片以外的分体结构，在服装肩部有明显的缝合线迹。插肩袖是介于连身袖和装袖之间的一种基础袖型，它虽然不能说是连身袖或装袖的衍生类型，但它们三者从结构上来说确实存在区别和关联（图 2-41）。

图 2-40　连身袖设计

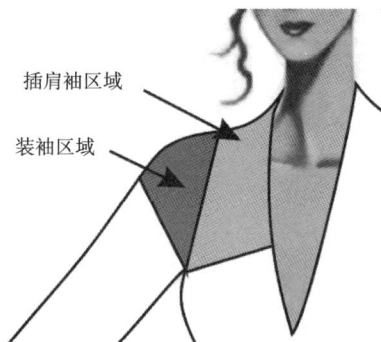

插肩袖区域

装袖区域

图 2-41　插肩袖与装袖的区域划分

插入三角布的曲肩型连身袖，如果将其剪口延伸至领口就从衣身上分割出了衣袖，再把三角布的一半分别补到衣身和衣袖的相应位置上，经修整后便是插肩袖的结构（图2-42）。

插肩袖一般在大衣、风衣、夹克和民族风格的服装中使用较多（图2-43）。

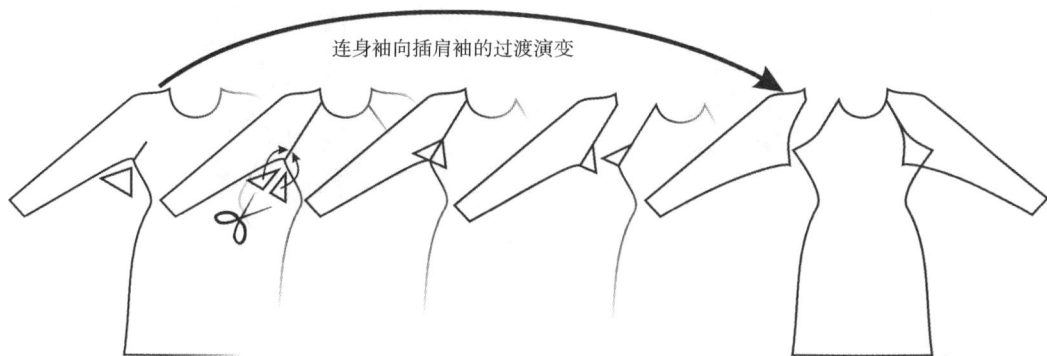

图2-42　连身袖向插肩袖的过渡

图2-43　插肩袖设计

4. 装袖

装袖服装的袖裁片与衣身裁片是各自独立的，衣袖与衣身的结合部位都是起始于腋下，但向上的袖山线指向不同，制作方法和造型效果也截然不同。装袖是围绕臂根自腋下指向肩端点附近的三角区域，装袖的分割线一般使用曲线，多数服装一般指向肩端点，使服装结构造型更加符合人体，但有时为了设计效果，也可以通过调整袖山线指向，如袖山线向肩内移动成窄肩效果，向肩外移动则为宽肩效果。因此，装袖结构在各种服装袖型的变化中，应用尤为广泛，不仅受衣身造型的影响较小，而且可以起到修饰形体缺陷的作用（图2-44）。

图 2-44　装袖设计

九、口袋

口袋既有实用性，又有装饰性。口袋的实用性表现在装物、暖手等方面，注重实用性的口袋一般设计在双手容易触及的位置。口袋的装饰性体现在它可随意放在服装的不同部位，不同大小和形态的口袋或袋盖可以增加服装的层次结构感。当代人随身携带的各类物品越来越多，口袋的功能显得更加突出。口袋有贴袋、挖袋和隐形袋三种基本形式。

1. 贴袋

贴袋只有一片袋布，袋布与衣身相贴缝合时留出袋口，或在袋布上挖出袋口后再与衣身缝合，其夹层就形成了口袋的空间。例如，男衬衫左胸上的口袋、牛仔裤的后袋、中山装的口袋等都是贴袋。贴袋有外贴和内贴的区别。

（1）外贴袋。外贴袋的袋布缝合在衣身外面，袋形样式由袋布形状决定。外贴袋有较强的装饰性，缺点是装物后明显鼓起，影响服装的美观。带侧墙立体口袋或贴袋上加入褶裥的口袋，具有很强的装饰性，且能容纳更多的物品（图 2-45）。

（2）内贴袋。在衣身上挖出袋口或者在结构线、分割线上留出袋口，袋布放在衣身内侧后再与衣身缝合。内贴袋衣身表面留有明线，一般缉双明线，具有一定的装饰性（图 2-46）。

2. 挖袋

顾名思义，挖袋就是在衣身上开洞挖出袋口，内缝袋布的口袋。挖袋有单嵌线、双嵌线、装拉链、装袋盖等袋口形式，如西服胸袋和大袋、大衣的斜插袋等就属于挖袋。如果服装与人体间空隙较大，有足够的空间，挖袋就可以装入较多的物品，但物品过重会导致袋口扭曲变形（图 2-47）。

图 2-45　外贴袋

图 2-46　内贴袋

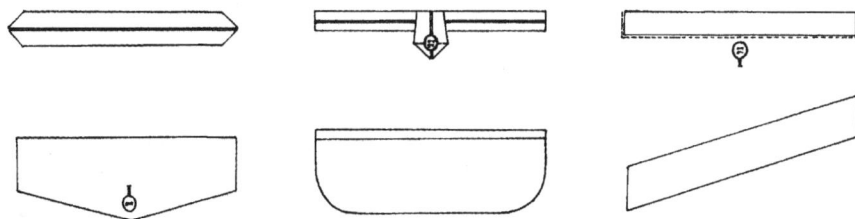

图 2-47　挖袋

3. 隐形袋

隐形袋是一种利用结构缝、分割缝或省缝的缝间作为袋口的口袋形式（图 2-48）。因为袋口隐藏在缝中，袋口位置不明显，所以叫隐形袋。但设计中不一定总是将口袋隐藏起来，有时也可以使用隐形袋形式，加上袋盖、嵌线、口袋明线等，以强调口袋结构的装饰美。除以上介绍的基本口袋形式外，还有组合袋、立体袋、袋中袋、可拆卸袋、专用袋等。

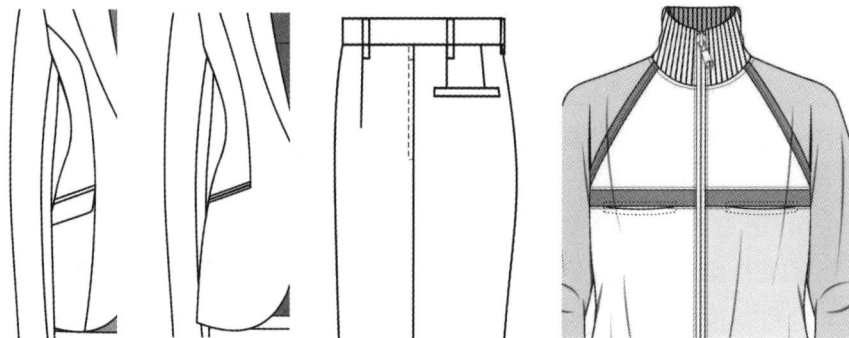

图 2-48　隐形袋

4. 复合袋

相同形式或不同形式的口袋，两个或两个以上口袋复合为一体的口袋（图 2-49）。

5. 口袋及袋口设计

袋口可以为直线、曲线或折线形，但一般采用直线形，以防止袋口拉伸。袋口角度可在 360° 范围内自由旋转设计，使之形成平、斜、垂等样式，但实用性口袋的袋口方向和位置要注意使用的方便性，袋口尺寸根据需要设定。在袋口处缝装袋盖、扣襻和拉链等，既有装饰性能，又有防止物品掉落的功能（图 2-50）。

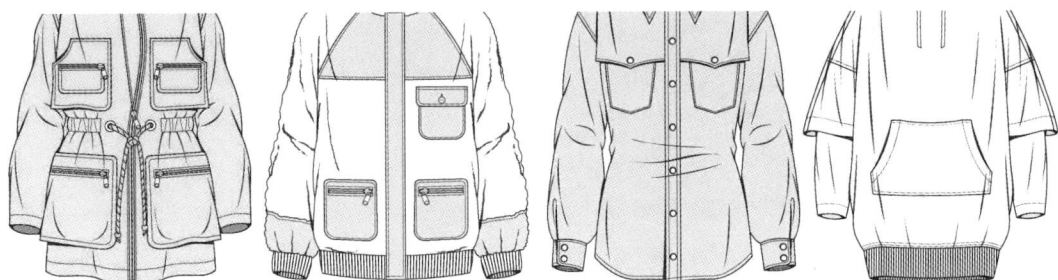

图 2-49　复合袋

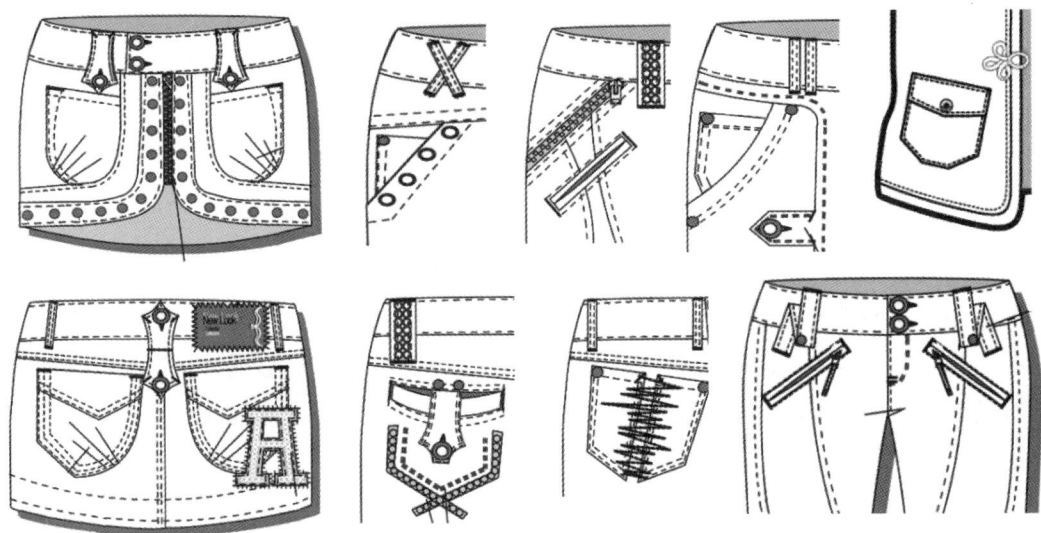

图 2-50　口袋及袋口设计

十、褶、裥

有些服装的外观追求平服顺直，也有些服装的外观追求层次感或浮雕感的立体效果。具有蓬松感和量感的褶、裥，可以对服装起到适体或装饰的作用，也可以增加服装的功能性，便于人体活动。褶、裥产生的视错效果能够美化人体，弥补形体瘦弱的不足。通过褶、裥产生的阴影形成长短不一的线条，具有一定装饰性，规律性的褶、裥产生秩序美。富于变幻的褶、裥使服装显得精致、流畅和飘逸，赋予了服装风格美（图 2-51、图 2-52 ）。

图 2-51　褶、裥之美

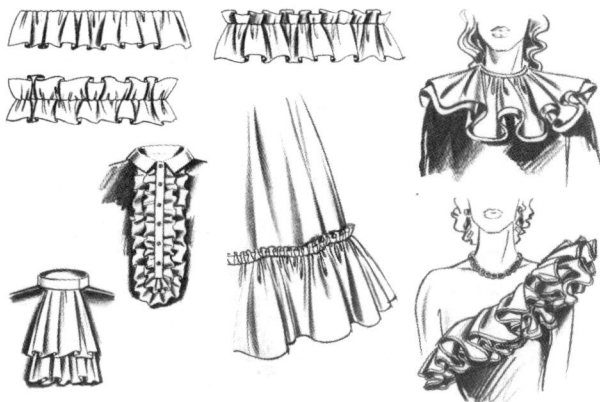

图 2-52　碎褶花边

1. 褶

褶，泛指衣料表面的隆起或折痕。原本平展的衣料，通过设计、加工或外力作用形成褶。褶在光影效果下呈现出或疏或密，或曲或直，或长或短，或规则或不规则的线条。

设计、加工的褶，特指服装上的结构或效果，有抽褶（图 2-53 ）、碎褶（图 2-54 ）、垂褶、斜褶（弧裁，图 2-55 ）、压褶等形式。通过对面料进行抽褶缝合、穿绳收缩、松紧带收缩、挤压等，可以形成碎褶。褶具有浮雕般的肌理和层次线条，可以使服装局部蓬大起来（图 2-56 ）。

图 2-53　局部抽褶

73

图 2-54　衣身上两端固定的碎褶

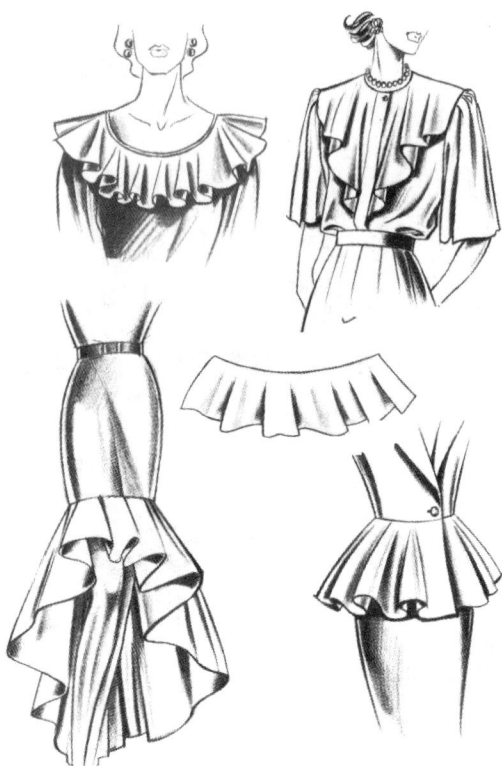

图 2-55　斜褶

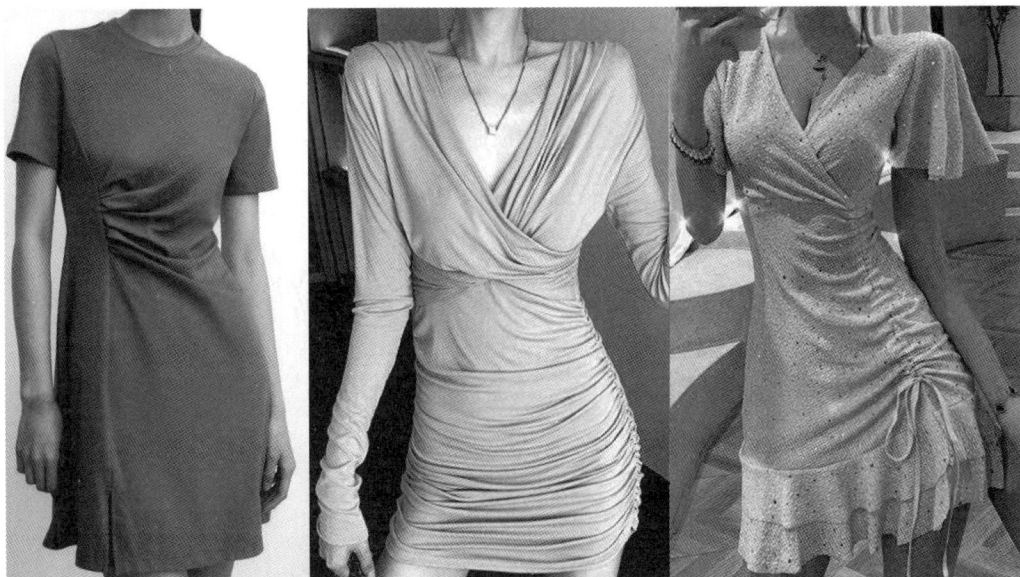

图 2-56　褶的应用

2. 裥

裥，通过面料局部折叠并固定形成的一种褶，是褶的一种特殊形式，有时也称为褶或裥褶（图 2-57 ~ 图 2-59）。两个相对的裥称为"暗裥"，两个相反的裥称为"明裥"，若干个同向排列的裥称为"顺风裥"，单端固定的裥称为"荡裥"，两端固定的裥称为"拢裥"。

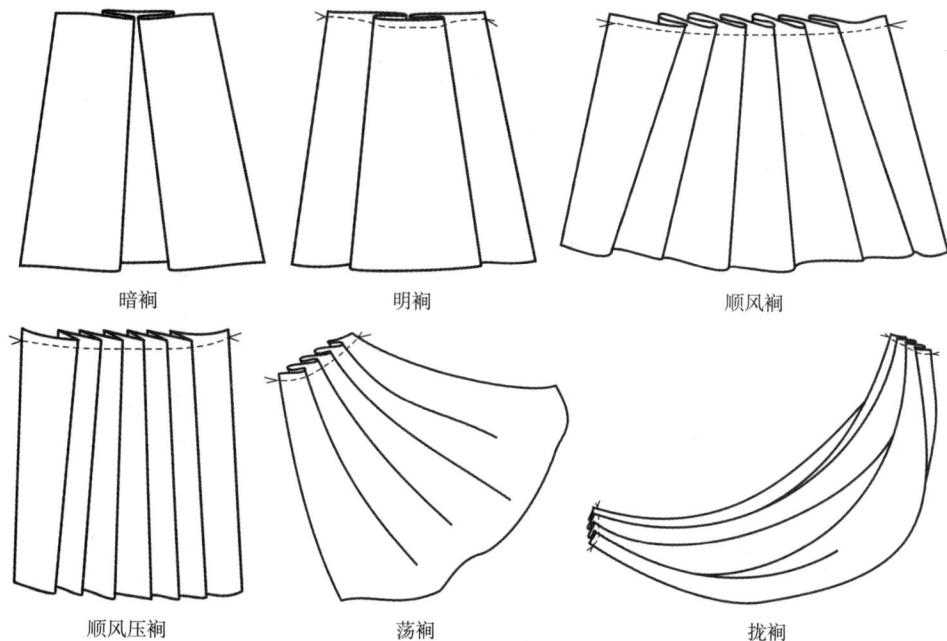

暗裥	明裥	顺风裥
顺风压裥	荡裥	拢裥

图 2-57 裥的形成

图 2-58 裥

图 2-59 衣身上的裥

不经压烫的褶，线条流畅飘逸，显得服装厚重饱满，精致灵动。经过压烫的褶，线条直顺清晰，显得服装平服，简洁轻快、层次丰富（图 2-60）。

图 2-60　褶的应用

十一、面料肌理

为了满足消费者标新立异的心理需求，服装上有时会追求面料肌理或质感的对比效果。比如将针织物与真丝纱罗组合，或将轻透的网纱与柔软的针织布组合等，不同材质的两种面料相映成趣，呈现出强烈的肌理对比。面料大多带有感官方面的肌理效果，如平面感、通透感、光泽感、新旧感、凹凸感，也有的面料上布满褶皱、凹凸或附着物，营造出层次感或立体感。具有特殊质感的肌理面料与光洁面料搭配产生强烈的对比效果，使服装显得更加别致。

面料肌理的制造方法有两种，一种是厂商通过纺织、植入、化学或物理等工艺方法生产出来的，如泡泡纱、桃皮绒、条绒、绉纱、绣花布、绗缝布、雕花布等；另一种是成衣生产厂家或制作者，将原本外观非常普通甚至缺乏美感的织物，通过机械或

手工将面料进行二次加工处理，使原面料产生肌理效果，赋予面料新的外观，又称为"面料再造"。有时设计师为塑造理想中的服装效果，会费尽心机地运用传统工艺或现代工艺对面料进行再加工，使其外观发生根本的变化，给服装添加特定的艺术效果。例如，对牛仔类服装进行水洗、砂洗，或开口、磨损等做旧工艺处理，能使服装显得质朴、狂放和时尚（图 2-61）。

图 2-61　面料肌理

1. 构成法

使用平面或立体构成的技法，按照一定的规律进行缝缀固定，使织物表面呈现出规则的凹凸肌理。

2. 褶皱法

采用揉、搓、拧等方法使面料生成无序的皱褶，通过压烫定型形成褶皱效果，也有在售的褶皱面料。

3. 抽纱法

将机织面料局部的经纱或纬纱剪断并抽出形成局部破损，可将余下的经纱或纬纱捆扎成网格状，将服装的边缘抽纱处理形成毛边或流苏（就像牛仔服装上剪开的洞一样），具有休闲、狂野的风格。

4. 镂空法

镂空法就像剪纸一样，通过镂花、镂孔、镂格等方法，在服装上进行各种形式的孔洞装饰，具有通透效果（图 2-62）。一般将无纺布或一些不易脱纱的化学纤维面料，使用手工剪切或激光裁剪机雕刻镂空图案。

图 2-62　镂空法装饰

5. 做旧法

将面料局部采用摩擦、刮蹭、蹂躏、打孔、撕裂、强洗、化学液体处理等方法进行破坏性工艺，使面料具有残损、破旧的肌理效果。

6. 折纸法

使用无纺布或一些比较硬挺的化纤面料等，借鉴折纸技法进行造型设计。

十二、面料染色与图案印染

1. 浸染法

浸染法是指将面料、裁片、服装半成品、成衣放入染缸中浸染进行整体染色，呈现的色彩均匀；将面料、裁片、服装半成品、成衣的局部放入染缸中浸染进行局部染色后，色彩有过渡效果；扎染是根据预想图案，进行局部包裹并捆扎（防止染色），再放入染缸中浸染，经包裹并捆扎的部分会形成带有过渡效果的图案。浸染经水煮、固色、漂洗、晾晒等一系列染整程序后完成。

2. 印染法

印染法是指通过丝网印花、热转移印花等方法，在面料上进行色彩与图案装饰。

3. 手绘法

手绘法可在纯棉、人造棉、丝绸、麻等易着色的织物上，用书法、水墨画等图案装饰；也可在咔叽布等比较硬挺的面料上进行油彩绘画（图 2-63）。

图 2-63　手绘装饰

4. 蜡染法

蜡染法需使用专用工具，用蜡在面料上绘制图形，因涂蜡部分在冷水染色时未被着色，经水煮除蜡后呈现所绘制的图案，再经漂洗、晾晒等一系列程序完成蜡染程序。因在整理涂蜡后的布料时，有意或无意间使蜡层折断或脱落，所以染色后的布料上会留下冰纹效果。

十三、面料绣花

1. 补绣

补绣是将其他布料剪成图案或购买商品绣片覆在面料上，并对其进行缝补处理（图 2-64）。

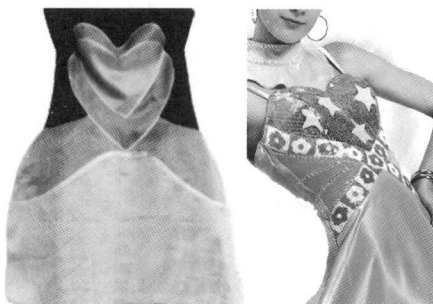

图 2-64　补绣装饰

2. 线绣

线绣是指通过手绣或机绣的方法，使用不同粗细的线、带、绳等材料，在服装上进行刺绣图案的装饰方法（图 2-65）。

图 2-65　线绣装饰

3.珠绣、亮片绣

珠绣、亮片绣是指将不同大小的绣珠或亮片,用针线缝绣在面料上,可以和其他图案技法混合使用(图2-66)。

图2-66　珠绣、亮片绣装饰

十四、层次结构

在服装的某些部位缀位或叠加部件,使服装结构层次变得更加丰富。例如,在裙身上覆盖薄纱;在夹克衫的前面附加马甲的前片结构;在大衣胸前加入装饰片;在袖子的袖山或袖口处重叠饰片,衣领采用不同形状的领型组合,形成复合领;服装边缘部位进行多层次结构重叠等。另外,服装局部通过折叠或翻转等方法也可以产生层次感,如裤子的翻裤脚等(图2-67)。

图2-67　层次结构

十五、其他装饰

通过绳带编织、流苏、打结、捆扎、盘带、穿绳、抽纱等方法,或将铆钉、链、环、徽章、羽毛等辅料通过粘贴、缝缀、别挂等方法附着在服装上加以装饰,使服装具有形式多变的装饰效果。装饰设计不能滥用,要根据服装风格选择合适的装饰技法和形式(图2-68)。

图2-68　民族服饰的装饰

我国民间传统手工艺非常丰富，可以从各民族服饰中得到启发，利用传统手工艺或现代技术对服装进行装饰性设计，使服装显得更加精致、美观。

第四节　服装结构设计

在服装设计中，通常把服装设计要素简单地概括为三要素：色彩、面料、款式。其中款式要素可以深化解析出若干个服装结构元素，如廓型、结构线、分割线、省道、边缘、领、门襟、闭合材料、袖、口袋、褶裥、面料肌理、装饰、结构层次等。如果把这些不同形式的结构元素加以组合，结合创造性的变形设计，就会令服装款式设计千变万化、无穷无尽。我们必须牢记这些服装款式的结构元素项目和各种结构形式，学会对各项结构元素形式进行变化，并从一些服装中解析出具有特点的独特设计结构，灵活地应用到具体的服装设计中去。

计算机的普及使服装设计更加方便和快捷，学会 CorelDRAW、Photoshowp 等图形处理软件，建立起自己的服装结构元素素材库（线条图形最好是保存为矢量图），可以随时调用、复制、修改和组合，这样可以使款式结构设计更加方便快捷，起到事半功倍的效果。结构设计有以下几种方法。

一、组合法

组合法就像拼图一样，是一种简便易行，操作简单的设计方法。首先建立自己的素材库（款式各异的服装图片素材，或服装结构元素分类素材），分别归类整理并编号。设计时，从素材库中分别挑选中意的元素形式加以组合，可以设计出预料中的新款式。从素材库中随机挑选元素形式加以组合，可以设计出人意料的奇特款式，可以给设计带来一些启示。

以结构元素数量设定位数，随意写出一组设定位数相同的字符，分别提取与素材编号相对应的元素形式，然后加以组合并绘画，即可设计出一个新的服装款式。如果图片中没有或看不清的元素形式可以略去或变更，不够协调的元素形式也可以省略，加强效果的元素形式可以突出或重复。总之，设计结果要以美的效果呈现。

服装款式的基础结构元素类别总共有十余项，如 1 廓型、2 领、3 门襟、4 闭合材料、5 袖、6 口袋、7 省道、8 分割线或拼接、9 褶裥、10 层次结构、11 附件装饰、12 边缘工艺等（元素名称前的数字，代表字符串顺位中的元素项目，如顺位 5 代表袖子)。

下面以图 2-69 中的 10 张素材图片为例,把素材图片分别编号为 0~9,参照表 2-1 和表 2-2,随意列出一组 12 位的字符串:435341281536(字符串中的每位数值代表素材编号,顺位代表对应的结构元素),按照图片顺位对应的结构元素,分别提取图片编号 4 的廓型、编号 3 的领、编号 5 的门襟、编号 3 的闭合材料、编号 4 的袖、编号 1 的口袋、编号 2 无省缝略去、编号 8 的分割线或拼接、编号 1 无褶裥略去、编号 5 的层次结构、编号 3 的附件装饰、编号 6 的边缘工艺,通过组合就可以设计出一个新款式(图 2-70、图 2-71)。

如果图 2-69 中的每款服装的结构元素没有重复,设定结构元素 12 项,仅用这 10 张图片,理论上可以有上万个组合方式,可见组合设计法有无限扩展的可能性。如果再结合变形法、位移法、替换法等其他方法,加上各种色彩或面料的变换,可使设计有无限可能。

读者可以自己收集图片,最好按服装种类分组,每组图片中的服装结构元素尽可能地各不相同。按照示例的方法进行分解,组合设计出的服装会更加贴近所选图片的整体风格,可当作本组服装系列的扩展设计。

图 2-69　素材

表 2-1　分解组合法示例与练习

位数	首位	第2位	第3位	第4位	第5位	第6位	第7位	第8位	第9位	第10位	第11位	第12位	组合结果
元素名称	廓型	领	门襟	闭合材料	袖	口袋	省道	分割线或拼接	褶裥	层次结构	附件装饰	边缘工艺	以字符串 435341281536 为例，参照图 2-69 中的图片素材，提取、组合出的新款式
示例1	4	3	5	3	4	1	2	8	1	5	3	6	
示例2	7	6	5	4	3	2	1	0	1	2	9	8	
指定练习	8	7	6	5	4	3	2	1	0	1	2	3	
自拟练习1													
自拟练习2													

表 2-2　分解组合法过程

字符位置	与字符位置相对应的元素	对应字符	说明 435341281536	元素式样	款式图
首位	廓型	4	与素材编号相对应的衣身廓型式样		
第 2 位	领	3	与素材编号相对应的衣领式样		
第 3 位	门襟	5	与素材编号相对应的门襟式样		
第 4 位	闭合材料	3	与素材编号相对应的闭合材料式样		
第 5 位	袖	4	与素材编号相对应的衣袖式样		
第 6 位	口袋	1	与素材编号相对应的口袋式样		
第 7 位	省道	2	素材编号的服装中没有省道	无	
第 8 位	分割线或拼接	8	与素材编号相对应的分割线或拼接式样		
第 9 位	褶裥	1	相应图片服装中没有褶裥	无	略去

续表

字符位置	与字符位置相对应的元素	对应字符	说明 435341281536	元素式样	款式图
第 10 位	层次结构	5	与素材编号相对应的结构层次式样		
第 11 位	附件装饰	3	与素材编号相对应的装饰式样		
第 12 位	边缘工艺	6	与素材编号相对应的边缘式样		

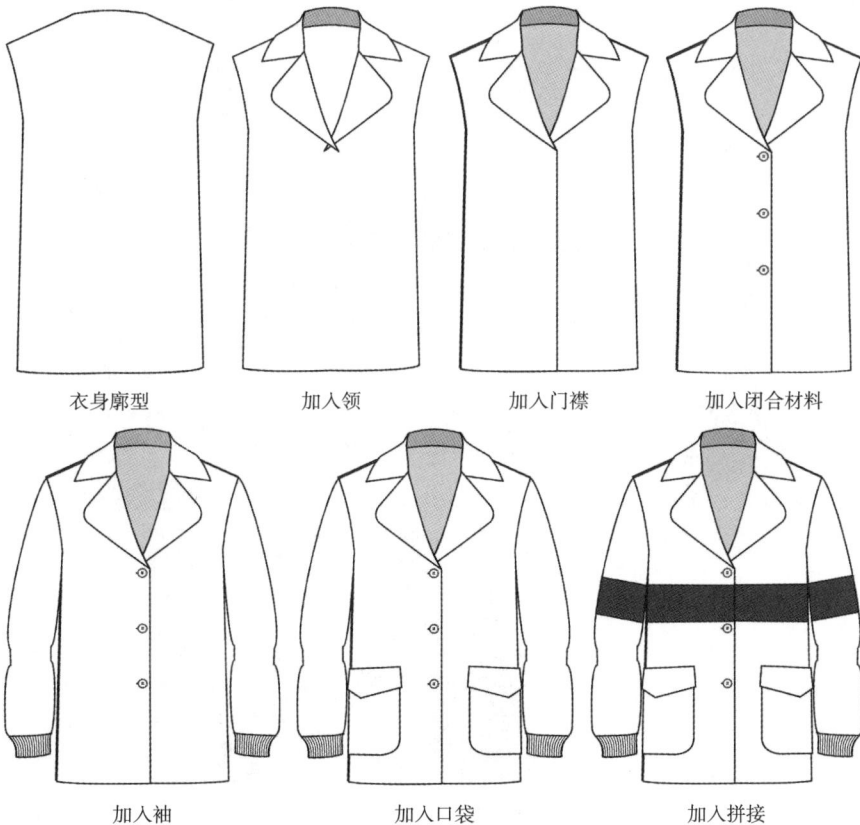

衣身廓型　　加入领　　加入门襟　　加入闭合材料

加入袖　　加入口袋　　加入拼接

图 2-70

85

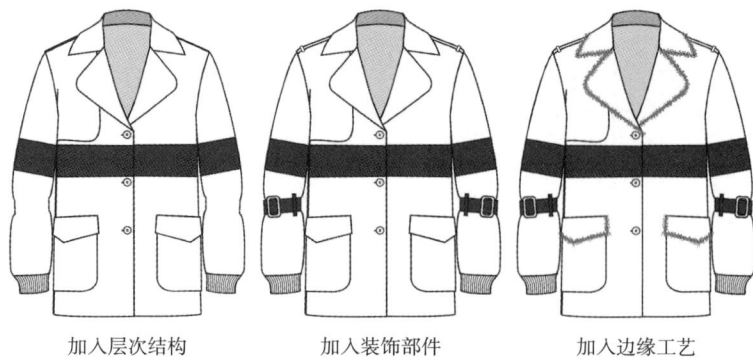

加入层次结构　　　　　加入装饰部件　　　　　加入边缘工艺

图 2-70　分解组合法绘画过程

图 2-71　组合法生成的款式对应的素材部位和元素

二、替换法

在已有服装款式的基础上，对某些结构元素进行替换，就可以设计出款式相似的新款服装，这是最为简单而实用的服装设计方法。例如，可以把西服的平驳头领型替换为立领，挖袋替换为贴袋；把旗袍的立领替换为翻领等。

下面以图 2-72 中的连衣裙为基础款式，对其领型、袖型、装饰等结构元素分别替换，就可以设计出若干个新款式（图 2-73 ~ 图 2-77）。

三、变形法

变形法是在已有的服装样式基础上，对其中的个别结构元素进行变形更改，从而得到新款服装样式的一种设计方法（图 2-78）。此法需要设计者有较好的审美判断力，能够控制好服装的形态和整体比例关系。

变形的方法是把结构元素的形态按照一定规律，在一定范围内加以改变，主要采用极限法：大↔小、宽↔窄、高↔低、长↔短、肥↔瘦、曲↔直、粗↔细、薄↔厚。

图 2-72　基础款式

图 2-73　替换衣领

图 2-74 替换裙身

图 2-75 替换衣袖

图 2-76　替换胸前装饰

图 2-77　多元素复合替换

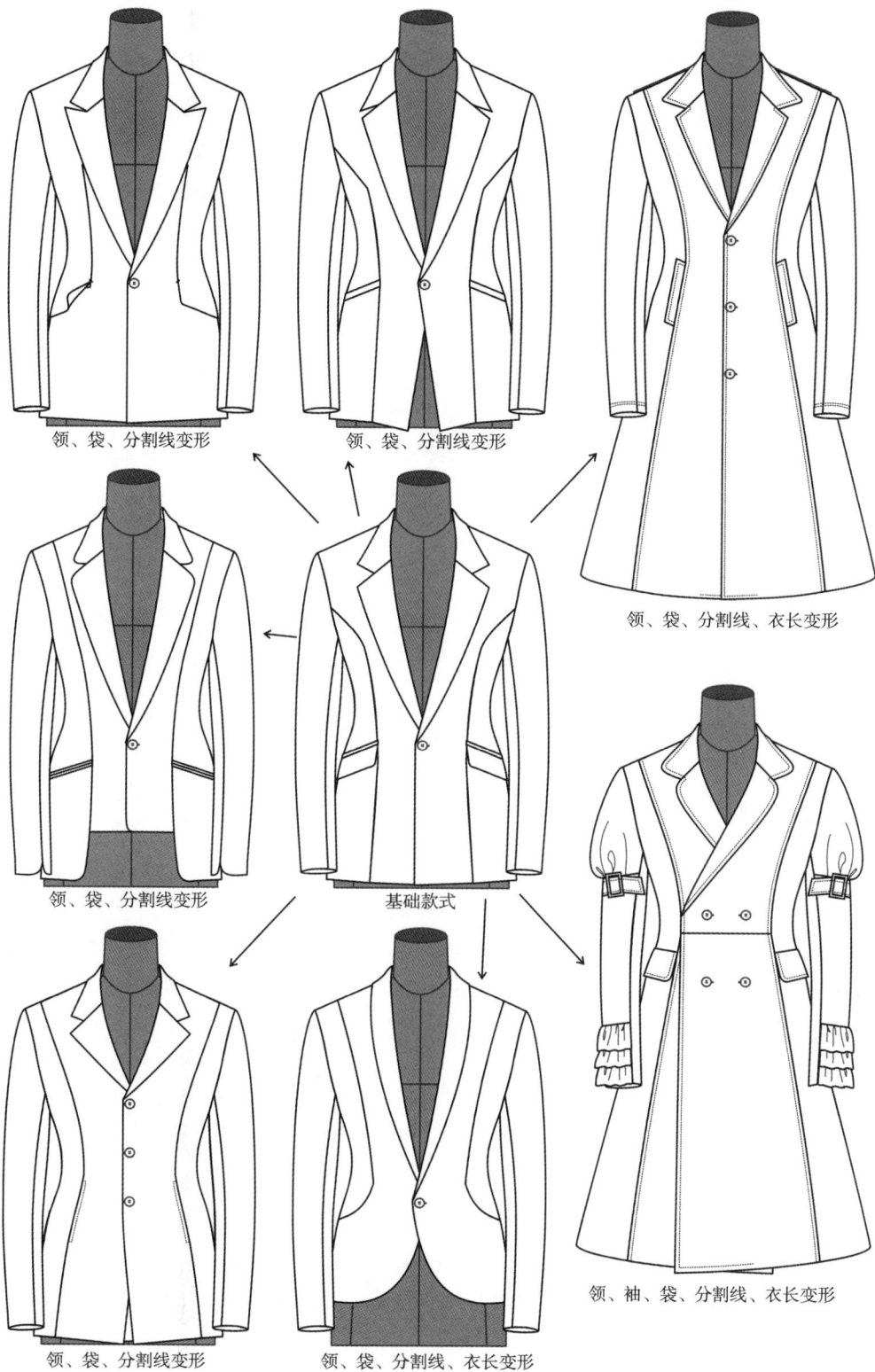

领、袋、分割线变形

领、袋、分割线变形

领、袋、分割线、衣长变形

领、袋、分割线变形

基础款式

领、袋、分割线变形

领、袋、分割线、衣长变形

领、袖、袋、分割线、衣长变形

图2-78　变形法

四、位移法

位移法是在原有服装款式的基础上，将部分结构元素进行位置移动的设计方法。此法较为简单，只要将服装的部分结构元素进行位置移动，如上↔下、左↔右、前↔后、里↔外等方式，就可以实现服装款式的设计变化。位移法需要设计者有较好的审美判断力，能够控制好服装局部和整体的比例关系，口袋、闭合材料等一些实用性较强的结构元素要注意位置的合理性。位移法结合变形法，可以设计变化出更加丰富的服装款式（图2-79）。

图2-79　位移法

五、加减法

加减法设计是在既有款式的基础上，通过加减服装的结构元素（简繁变化），设计出另一款相似服装的设计方法，一般是在相同服装种类上进行变化设计。例如，将一件夹克作为基础款式，把基础款式上的原有装饰部件移除，变化设计出另一款式的夹克时，称为减法设计；在基础款式上增加装饰部件时，称为加法设计（图2-80）。

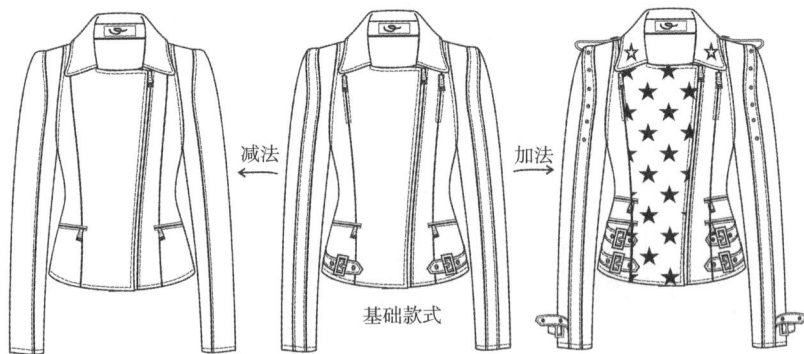

图2-80　加减法

六、借鉴法

服装设计应用借鉴法可以拓展设计思路，古为今用、洋为中用、民族互融是现代服装设计的一个趋势。借鉴法是将某一服装种类的款式结构特征，局部或全部地应用在另一种服装上的方法。例如，通过男女服装的款式互鉴，设计姐妹装（图2-81）、亲子装（图2-82）、学生装（图2-83）、情侣装（图2-84）；通过借鉴成人西装，设计童装（图2-85）和母女亲子装（图2-86）；通过借鉴古代或传统服装，设计汉服和中式礼服（图2-87）。不同服装种类之间的互鉴，如夹克与西服、婚纱与连衣裙、旗袍与礼服、裤与裙、内衣与外衣、上衣与下衣等；不同服装种类之间的结构元素互鉴，都可以使设计的服装更加新颖。

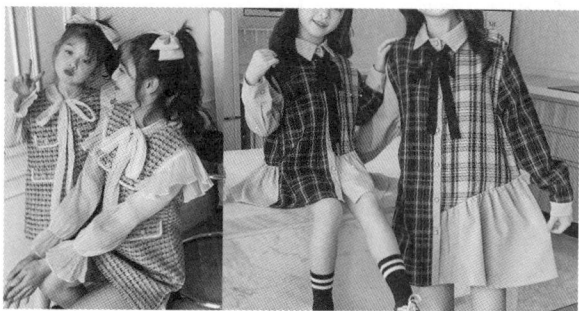

图2-81　姐妹装

图2-82　亲子装

图2-83　男、女学生装

图 2-84　情侣装

图 2-85　童装借鉴成人西服套装

图 2-86　母女亲子装

图 2-87　古为今用之现代汉服和中式礼服

CHAPTER 3

第一节　T恤设计

一、T恤的概念

T恤（T shirt），顾名思义，因造型形似大写字母"T"而得名。T恤有短袖T恤和长袖T恤之分。T恤领口多为圆形、V形或U形等，需要套头穿着。T恤是男女老幼都喜欢穿着的服装之一，穿着T恤给人以清凉、舒适的感受，适合夏季运动、休闲场合穿着（图3-1）。与T恤款式相似的还有无袖的背心和有领的Polo衫等（图3-2）。

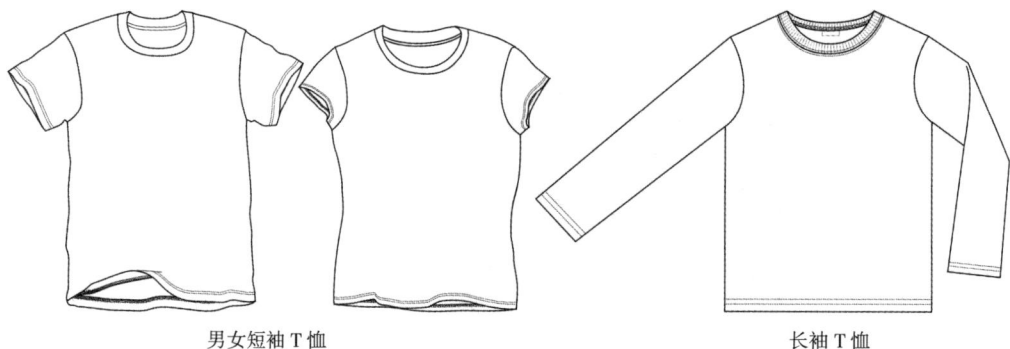

男女短袖T恤　　　　　　　　　　　　　　　长袖T恤

图3-1　T恤

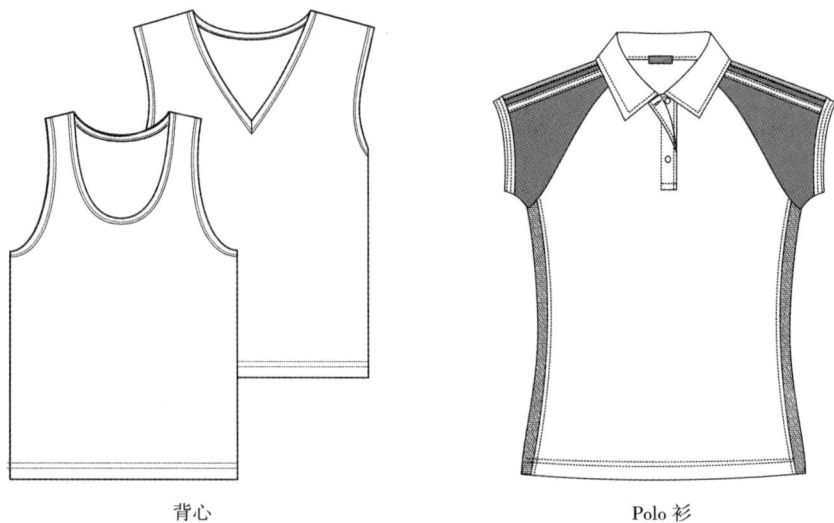

背心　　　　　　　　　　　　　　　Polo衫

图3-2　背心和Polo衫

二、T恤的种类与设计

T恤主要按用途分类，可分为时尚商品类T恤、旅游商品类T恤、广告定制类T恤、团体定制类T恤、活动主题类T恤等。个人可以DIY自己的T恤，也可以定制个性化图案。

在各类服装的结构设计上，T恤的结构设计比较简单，造型设计比较固定。T恤设计可以通过不同色彩、质感的面料拼接或部件组合，或在领口、袖口、底边和衣身等部位使用辅料进行各种工艺装饰，或使用文字、图形进行图案装饰。

T恤图案可以用亮片、串珠、绳带、布片等材料，通过绣、补、缀、粘等工艺制作图案，也可以通过丝网印花、喷绘、热转移印花、手工绘画、扎染、蜡染等工艺制作图案。时尚商品类T恤通过图案能张扬个性、秀出自我，可以展露兴趣和爱好。在庆典仪式、社团活动、产品促销等活动中由集体穿着的T恤，一般采用丝网印花工艺印刷主题文字或图案，能起到一定的广告效应和塑造整体形象的目的。

T恤面料以针织面料为主。纯棉、涤棉混纺针织面料制作的T恤，一般设计为宽松型，穿着时具有舒适凉爽、吸汗透气、不刺激皮肤等优点。化学纤维针织面料制作的T恤，设计上也多为宽松型，具有造型流畅、滑爽易干等特点；加入氨纶的混纺针织面料弹性更大、更柔软，可以制作紧身型T恤，凸显人体曲线美。

1.时尚商品类T恤

以消费者为对象的商品T恤，设计中注重流行变化，图案装饰是设计的重点。商品类男女T恤式样区别较大，女式T恤在款式和装饰方法上可以更复杂。

2.旅游商品类T恤

很多名胜古迹、人文景观等旅游观光地，都有旅游纪念T恤出售，游客以此类T恤作为纪念品或礼品的同时，也能将当地的民族文化、地域文化、风土民情、自然景观等信息传播给他人，起到一定的宣传作用。

3.广告定制类T恤

承载广告宣传的T恤，其内容可以是商业广告，也可以是公益广告等。

4.团体定制类T恤

大到国际性的社团组织，小到一支球队、乐队，拥有自己团队的T恤总是让人自豪的。

5.活动主题类T恤

在一些纪念或庆典活动中，人们穿着具有特定含义图案的T恤，能体现人们对曾经参与或经历该事的纪念之情。

第二节　衬衫设计

一、衬衫的概念

衬衫（Shirt）最初为男士使用，20 世纪 50 年代逐渐被女子采用，现已成为常用服装之一，有长袖与短袖的区别。男式衬衫（图 3-3）可以分为礼服衬衫、正装衬衫、便装衬衫、家居衬衫、度假衬衫等，下面按照男式衬衫种类分别介绍。

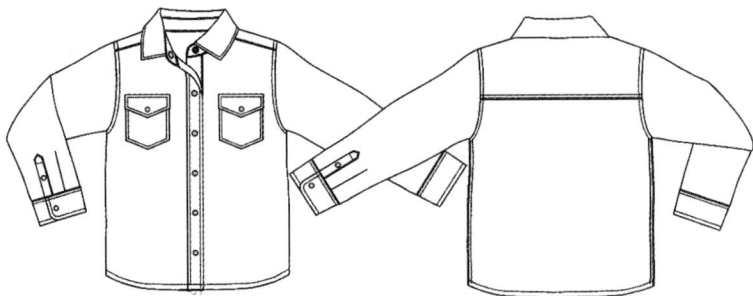

图 3-3　衬衫

二、衬衫的种类和设计

男式衬衫的种类一般按着装场合分类，主要有正装衬衫、便装衬衫、家居衬衫和度假衬衫等。正装衬衫和礼服衬衫作为内衣穿着，便装衬衫、家居衬衫和度假衬衫作为外衣穿着。在色彩、材料、款式及装饰上都可以进行变化，一般围绕衣领、门襟、衣袖和胸袋等部位进行设计。衣身有直筒型和收腰型；领型有标准领、双色领、敞角领、纽扣领、翼形领、立领等；门襟有内翻和外翻；底边有曲、有直，下摆角有方、有圆；衣袖有长、有短；正装衬衫的胸袋一般在左侧，主要用于装饰，便装衬衫的胸袋可以左右对称或加袋盖；袖口有开衩便于穿脱，男士衬衫一般有过肩，后衣身的背褶设计便于上肢运动。

女式衬衫有很大的设计空间，在色彩、材料、款式及装饰上都可以做较大的变化，尤其是衣领和衣袖的设计变化最为丰富。

1.正装衬衫

正装衬衫一般为长袖，与正装西服或制服配套穿着，可搭配领带。正装衬衫设计比较简单，一般只是在领型上变化，有立领和翻领两种领型。翻领有领坐，领尖形状有小方领、中方领、短尖领、中尖领、长尖领和八字领等。衣领和袖头内均有衬布以保持挺括效果，强调修饰身体线条，多使用纯色或带有暗条的白色或浅色面料。

2. 礼服衬衫

礼服衬衫一般为长袖，与礼服西装配套穿着，并搭配领结。礼服衬衫设计比较丰富，领型为立式折角领或花边领，胸前衣身上加些褶裥或蕾丝花边，袖克夫（袖头）上有穿插式袖扣。礼服衬衫一般采用白色的高支纱纯棉、真丝等天然纤维的面料制作，讲究剪裁、制作贴身合体。

3. 便装衬衫

便装衬衫一般为长袖，适合与休闲西装、夹克、外套搭配穿着，夏季的短袖衬衫可以单独穿着。便装衬衫设计要追求时尚，面料比较广泛，条格哔叽绒面料制作的便装衬衫最为经典。

4. 家居衬衫

家居衬衫一般为长袖，款式宽松、舒适、保暖，适合在春秋季与毛衣搭配穿着。家居衬衫不追求使用高档面料，多采用纯棉、纯麻、纯毛的条格面料。

5. 度假衬衫

度假衬衫一般为短袖，款式自由、宽松，以具有热带岛国风情的夏威夷衬衫为代表。度假衬衫面料多为印有自然花色图案的纯麻、纯棉或真丝的轻薄织物。

第三节　长裤设计

一、裤装的概念

裤装是男女在各季节里均可以穿着的下体服装（图 3-4）。裤装按裤腿长度分为长裤和短裤，还有所谓的七分裤和八分裤等。

二、长裤的种类和设计

长裤按腰头所在位置分为高腰裤、中腰裤和低腰裤（图 3-5）；按用途和风格等划分，有打底裤、

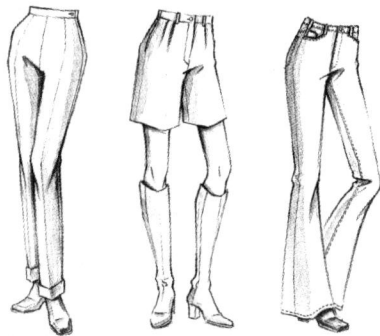

图 3-4　裤装

牛仔裤、西裤、工装裤、马裤、裙裤、休闲裤等；按造型划分，有紧身裤、铅笔裤、锥形裤、直筒裤、灯笼裤、喇叭裤、阔腿裤、背带裤、哈伦裤等（图3-6、图3-7）。

图 3-5　低腰长裤到连衣裤的变化

图 3-6　不同裤腿造型的长裤

图 3-7　不同侧面裤腿造型的长裤

长裤的款式多种多样（图3-8），设计时要考虑其与上衣等服装的搭配问题。款式变化主要是前后腰臀部位的结构设计和裤腿的造型设计，腰臀部位的结构设计包括腰头、串带襻、门襟、省缝、活褶、口袋等结构元素的变化；裤腿可以通过裁片的结构形状，以及利用分割和褶裥进行造型设计；裤脚有平裤脚和翻裤脚两种。现在的男女裤装一般都有前襟，低腰裤也是当今的一种潮流。

1. 牛仔裤

牛仔裤一般使用纯棉织物裁制，一般经水洗、砂洗等方法做旧，沿衣缝或边缘缉橙、白等颜色的明线，并缀以铜钉和铜牌商标，男女均可穿着（图3-9）。

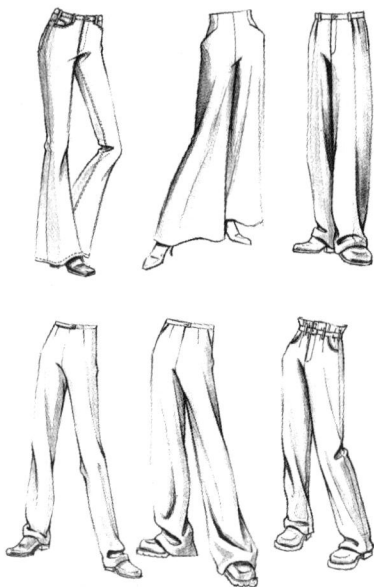

图3-8 各种不同长裤的设计

牛仔裤可谓长裤中的明星，由它衍生出来的休闲裤也大行其道，面料和花色越来越多。特别是弹力牛仔裤有一定的修身作用，显得腿部修长、健美、性感，受许多女性喜爱，但因其紧包臀部而影响血液循环，长时间穿着会引起腰腿麻木、酸胀、疼痛等不适感。因此，不要长时间穿过紧的牛仔裤。

2. 西裤

西裤主要指与西装上衣配套穿着的裤装，适合在办公室及商务场合穿着（图3-10）。西裤的款式大多是比较宽松的直筒裤，裤裆比较宽松，裤子偏长，裤脚口压在脚面上，侧袋为直插袋或斜插袋，后袋口为单嵌线或双嵌线，可有纽扣或袋盖。西式短裤与西裤的工艺基本相同，西裤的造型或生产工艺基本已国际化、规范化。

3. 打底裤

打底裤是为防走光、修身或保暖而设计的裤装，有三分、五分、七分、九分等不同长度（图3-11）。一般与娃娃衫、T恤和短款连衣裙等服装搭配穿着。打底裤设计简单，可以在脚口处装饰一些蕾丝花边、水钻、绸带等，打底裤一般使用具有弹性的蕾丝面料和针织面料制作。

4. 灯笼裤

灯笼裤指松紧带裤腰、裤腿宽大、脚口收紧，裤型上下两端紧、中段松，形如灯笼的裤装（图3-12）。灯笼裤大多用柔软的棉布或绸料裁制，穿着轻松、舒适，适宜在练瑜伽、武术和休闲时穿着。

5. 阔腿裤

阔腿裤拥有宽阔的裤脚，简洁、宽松的轮廓，一般为高腰裤（图3-13）。现今流行的阔腿裤既有适合度假时穿的休闲款，也有适合各种正式场合的优雅款。平常生活中，阔腿裤看起来平易近人，给人带来一份恬静、惬意的心情。宽松的设计可以让整个腿部看起来更加纤细，加上背带可以立刻变得时尚，如果搭配一件蕾丝小背心，就可以赋予阔腿裤崭新的风格。

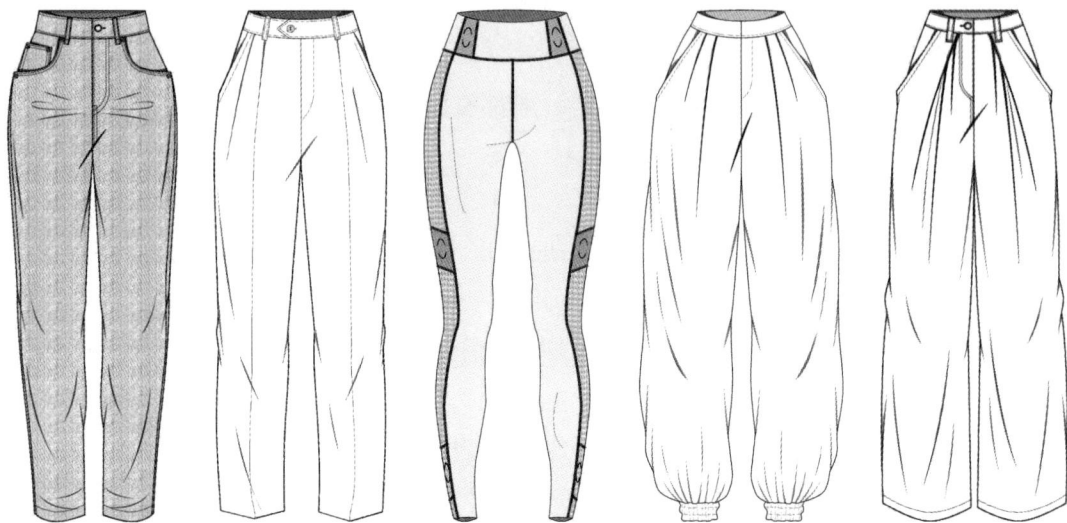

图 3-9　牛仔裤　　　图 3-10　西裤　　　图 3-11　打底裤　　　图 3-12　灯笼裤　　　图 3-13　阔腿裤

　　6. 喇叭裤

　　喇叭裤因裤腿形状似喇叭而得名（图 3-14）。它的特点是低腰浅裆，紧裹臀部，裤腿上窄下宽，从膝盖以下逐渐张开，裤脚口的尺寸明显大于膝围尺寸，形成喇叭状。按裤脚口放大的程度，喇叭裤可分为大喇叭裤、小喇叭裤和微型喇叭裤，长度多到鞋面。

　　7. 铅笔裤

　　铅笔裤是指有着纤细裤管的裤子，特点是超低腰，可以对臀部、腿部进行塑型而显得下肢修长（图 3-15）。

　　8. 工装裤

　　工装裤是一种宽松而有很多口袋的裤装款式（图 3-16）。工装裤本来是男装，但时装化后却更受女性的喜爱。多口袋不再是唯一的卖点，裤脚缩口、绑绳、饰纽扣、装拉链等细节装饰都是现代工装裤的新特点，结合抽褶、系扣、连身、低腰、裤脚口翻边等设计方法的运用，风靡已久的工装裤仍然大行其道，也是设计师最善于渲染的款型。

　　9. 背带裤

　　背带裤与工装裤有同样的特质，一般有护胸补块和背带，穿着时不系腰带（图 3-17）。

现今背带裤大多制作成童装，也有部分女青年把它作为日常便服穿着。

10. 哈伦裤

哈伦裤也称吊裆裤，类似于灯笼裤，但造型不同，主要特点是低裆，臀部或大腿部宽松、舒适，小腿部位较窄（图3-18）。这种形态的裤子不仅可以拉长小腿，塑造出小腿的曲线轮廓，还可以有效地掩盖臀部或者大腿处的缺点。哈伦裤的细分种类越来越多，肥瘦不一，裆的位置有高有低，有萝卜裤、胯裤、锥形裤、嘻哈裤等衍生裤型。

图 3-14　喇叭裤　　　图 3-15　铅笔裤　　图 3-16　工装裤　　图 3-17　背带裤　　图 3-18　哈伦裤

第四节　短裤设计

一、短裤的概念

短裤是因为比长度到脚面的长裤短而得名，长度都在小腿肚以上。短裤有内穿短裤和外穿短裤的区别，此处主要阐述外穿短裤。短裤有简单、轻便、实用、舒适、清凉、性感、活动方便、容易穿着等特点，是现代人喜爱的夏装裤。在西方历史上，短裤是年轻男孩才穿着的，欧美国家在 20 世纪 70 年代的能源危机时期，为减少使用空调及风扇来节省能源，提倡穿短裤等用料较少的服装，如今短裤已成为现代人非常喜爱的服装。但在很多国家里，穿短裤始终被认为太随便，甚至有企业规定在工作场合员工不得穿短裤。

短裤设计要考虑与之搭配的上衣种类和款式，使着装的整体风格协调。因为长裤与短裤同属裤装类别，所以短裤的设计可以参考长裤的结构。在近二十年的潮流里，男、女青年所穿短裤各具特点。男式休闲短裤和猎装短裤演变得越来越长、越来越宽松肥大，多口袋，裤脚随意翻起，款型宽松舒适。夏季女短裤则趋向短而窄，一般使用弹性面料做成紧身型，呈现出优美、性感的女性腿部曲线。按照风格、用途、造型、长短和材料等划分，短裤一般分为西式短裤、运动短裤、热裤、休闲短裤、猎装短裤、裙裤、灯笼短裤、紧身弹力裤等（图3-19）。

图 3-19　各种不同的短裤设计

二、短裤的种类和设计

1. 西式短裤

西式短裤是在西裤基础上缩短裤腿长度，裤长到大腿部位的短裤，一般需系腰带穿着。它造型简单、利落，略显保守。设计有侧袋和后袋，裤脚也可以翻边，一般使用涤棉类素色面料制作（图3-20）。

2. 运动短裤

运动短裤是进行体育运动（如打球、跑步等）时穿着的短裤，具有穿着舒适、方便运动的优点。其款式特点是松紧带裤腰，两侧裤脚口处有圆角开衩。一般使用色彩鲜艳的素色涤棉、腈纶织物等面料制作（图3-21）。

图 3-20　西式短裤

3. 热裤

热裤是美国人对一种紧身超短裤的称呼，具有美国西部风格。它虽然低腰、浅裆、紧身、裤形很小，但腰头、口袋、门襟、分割线等裤装结构一应俱全，一般使用牛仔布、咔叽等较厚的棉织物制作。炎热夏季，热裤成为女孩时髦、性感而又凉爽的选择。热裤传达的是青春动感、活力四射的时尚情调，让女孩结实修长的双腿迈出性感的步伐，把自由、奔放、健康、可爱的韵味发挥到了极致（图 3-22）。

4. 休闲短裤

休闲短裤是一种宽松、肥大，长度在膝盖上下的男式短裤，适合登山、野营等户外运动休闲时穿着。它结构形式丰富、多样，可以在口袋、腰头、裤脚等部位进行各种形式的结构变化，也可以使用绳带等辅料进行装饰。一般使用小帆布、咔叽布等较厚的纯棉或涤棉面料制作（图 3-23）。目前市场上出售的针织面料休闲短裤，以穿着更加舒适的特点也备受消费者欢迎。

5. 裙裤

裙裤是一种形似裙子的女式短裤。它与男式休闲短裤风格相似，是青年男女同时出游时的最佳女孩装扮。它裤腿宽松肥大，呈 A 字造型，既有裤子的结构，又有裙子的外形。一般使用纯色或格子的涤棉面料制作（图 3-24）。

图 3-21　运动短裤	图 3-22　热裤	图 3-23　休闲短裤	图 3-24　裙裤

第五节　半身裙设计

一、裙装的概念

裙装是人类最早的服装形式之一，是指遮盖下体的筒式服装，包括连衣裙和半身裙。本节主要介绍半身裙。

因裙装穿着舒适、穿脱容易、行动方便、通风散热、款式丰富，适合各年龄段的女性穿用，被世界各国妇女所喜爱。我国半数以上的少数民族妇女，都穿着独具本民族特色的裙装，如维吾尔族、哈萨克族、锡伯族、塔吉克族、彝族、哈尼族、傣族、佤族、土族、纳西族、景颇族、苗族、布依族、壮族、瑶族、土家族、黎族、高山族、朝鲜族、乌孜别克族、俄罗斯族等，其中一些是连衣裙式样。现在一些国家仍将男子穿用裙装作为民族服饰文化传统加以保留，如大家熟知的苏格兰男士穿的格子褶裙，以及太平洋南部的萨摩亚、斐济等国的男士穿裙装也很普遍。

二、半身裙的种类和设计

半身裙的款式非常丰富，按裙腰相对于腰围线的位置分为高腰裙、中腰裙、低腰裙（图 3-25）；按裙长分为长裙、中裙、短裙和超短裙（图 3-26）；按裙体造型和结构，可分为筒裙、斜裙、灯笼裙、塔裙、鱼尾裙、缠绕裙等（图 3-27~ 图 3-31）。

图 3-25　低腰短裙到连衣裙的变化

图 3-26　短裙到长裙的变化

图 3-27　不同裙身造型的半身裙

图 3-28　非对称形式的半身裙

图 3-29　不同侧面造型的半身裙

| 多片裙 | 斜裙 | 喇叭裙 |

图 3-30　不同裙体结构设计

图 3-31　各种褶裙设计

1. 筒裙

筒裙又叫西装裙、直筒裙，是贴身合体的半身裙，一般与上衣组合为套装，适合职业女性工作时穿着。筒裙从裙腰头开始自然垂落，呈筒状，腰臀贴体合身，能充分表现女性的优雅与精干。因裙身余量较少，一般在下摆设计开衩或裥褶，以便行走。

2.斜裙

斜裙是由腰部至底边斜向展开，呈 A 字造型的裙子。按裙身的裁片构成数量，斜裙可分为单片斜裙和多片斜裙，摆宽不等。单片斜裙又称圆台裙，是在一块剪成圆形的面料中央，剪裁出腰线再进行缝制的裙子，一般选用薄面料制作。多片斜裙由两片以上的扇形裁片拼接而成，通常以裁片数命名，有两片斜裙、4 片斜裙、8 片斜裙等。常见的斜裙有钟型裙、喇叭裙、超短裙、褶裙等。

（1）钟型裙。钟型裙即侧轮廓为钟型的裙子。腰部常用褶裥使裙体蓬起，内衬蓬松、轻薄的纱质衬裙。

（2）喇叭裙。喇叭裙的裙身与腰、臀部紧密贴合，自臀围线向下倾斜展开，形似喇叭状。

（3）迷你裙。迷你裙即裙身极短的超短裙。

（4）褶裙。褶裙为裙身上有定型褶的半身裙，分为百褶裙和褶裥裙。百褶裙通常采用可塑性高的面料，经均匀折叠、加热定型后制作而成。褶裥裙通常在臀围以上部位收拢褶裥并缉缝固定，臀围线以下烫出活褶后制作而成，穿着舒适，造型富于变化。

（5）塔裙。塔裙指裙体以多层次的横向裁片抽褶相连，造型如塔状的裙子。根据各层裁片高度分布，可分为规则塔裙和不规则塔裙。

3.缠绕裙

缠绕裙又称围裹裙、围式裙，从裙腰至摆开口的裙片在前身上下重叠，以纽带系合。因缠绕方法不一，缠绕裙款式也多种多样。

半身裙一般由裙腰头和裙身构成，面料选择丰富，各种花色的棉、毛、丝和化纤面料都可以。因为半身裙要同衬衣、羊毛衫、西服等上衣相搭配，所以选择面料时，一定要考虑服装款式风格的协调。

第六节　连衣裙设计

一、连衣裙的概念

连衣裙，别名"布拉吉"，是由上衣与裙身相连成一体的服装样式，是女性最为喜欢的夏装之一，适合不同年龄女性穿着。

连衣裙的设计非常丰富，可以通过裙身上各种结构元素的变化，或者使用不同材质和色彩的面料搭配，实现连衣裙的设计变化。连衣裙衣袖有长袖、短袖、无袖等不同袖型，衣领可以有领和无领等变化，还可根据造型的需要，以改变腰围线的位置等方法进行轮廓造型设计。由于连衣裙多在夏季穿着，所以一般采用较薄的面料制作。

二、连衣裙的种类和设计

由于连衣裙的款式风格、造型特点和穿着使用目的不同，所以其种类繁多。按腰围线位置，有标准型、低腰型和高腰型；按造型设计，有 A 型、H 型、X 型等。常见的连衣裙款式有直身式、露背式、礼服式、迷你式、吊带式等。人们熟知的旗袍和婚纱也都属于连衣裙类别（图 3-32）。

图 3-32　各种连衣裙

1. 直身式连衣裙

直身式连衣裙特点是胸、腰和臀的三围尺寸接近，裙身呈直筒形。衣裙结构上下相连，腰间一般不做分割。为了走路方便，可以在裙摆有开衩或裥褶，旗袍就属于此类连衣裙。

2. A 型连衣裙

A 型连衣裙是一种裙身由胸部向下摆呈 A 字形展开的连衣裙，由法国时装设计师迪奥于 1955 年推出。由于 A 型外轮廓的斜线增加了长度感，显得身材更加高挑，所以 A 型连衣裙有活泼、潇洒、充满青春活力的造型风格，是连衣裙常用的造型。

3. 吊带式连衣裙

吊带式连衣裙没有衣领和衣袖，裙身由胸部向下延伸，胸部上方有吊带绕肩将前后身连接，多用于晚礼服式样。在盛夏季节，穿着休闲风格的吊带式连衣裙感觉凉快、舒适。

第七节　旗袍设计

一、旗袍的概念

"民国"时期有人将满族女性传统旗服，结合西式女装的特点改良成现代旗袍风靡一时，当今旗袍具有中国女性服饰文化的象征意义。传统旗袍的裁制一直采用十字裁剪法，胸、肩、腰、臀完全平直，没有立体感，使女性身体的曲线毫不外露。现代旗袍的衣袖结构取代了传统旗袍的连袖结构，造型更加富有立体感，通过前、后衣身的省缝，使胸、腰部更为合体。旗袍一般具有以下外观特征：立领、盘扣、右衽、通襟或半开襟，摆侧开衩（图3-33）。

二、旗袍的种类和设计

旗袍的设计变化主要在衣领、门襟、衣袖等部位，门襟样式有偏襟、侧襟、前襟，以及如意襟、琵琶襟、斜襟、双襟等样式；衣领有高领、低领、无领；袖有长袖、短袖、无袖；开衩有高开衩、低开衩、单开衩、双开衩。旗袍根据穿着场合分为便装旗袍和礼服旗袍（图3-34），还有长、短、夹、单等区别。

1. 便装旗袍

便装旗袍是指在日常生活中穿着的旗袍，在南方农村穿着比较普遍，以中长款和短款为主。便装旗袍一般使用扎染、蜡染和印花的棉、麻等天然纤维织物制作，也有使用真丝双绉、绢纺、电力纺等新型面料。设计时一般在领口、衣襟等部位添加异色绲边，衣身进行绣花装饰，图案以中国传统纹饰为主，如双鱼、富贵花、梅花等，还有用中国水墨画描绘花卉图案设计的手绘旗袍。

2. 礼服旗袍

礼服旗袍是指在结婚、接待、礼仪等场合穿着的旗袍。礼服旗袍多以色彩艳丽的丝绸、锦缎等华贵面料制作，充分展现出民族悠久的历史文化，着重体现东方女性含蓄优雅的魅力。

图 3-33　传统旗袍

图 3-34　礼服旗袍和便装旗袍

第八节　晚礼服设计

一、晚礼服的概念

晚礼服是在晚间正式聚会、仪式、典礼等交际场合穿着的服装，是最高档次、最具特色、充分展示个性的礼服样式。常与披肩、外套、斗篷之类的服饰相搭配，与华美的装饰手套等共同构成整体装束效果。传统款式的晚礼服强调女性窈窕的形体，肩、胸、臂的展露，为华丽的首饰留下表现空间。通常晚礼服的肩、领部位较低，裸肩露背，裙摆宽大，裙长及踝，夸张臀部以下裙身的体量感。多用柔软悬垂效果好的金丝绒、闪光缎、软缎、绉缎、塔夫绸、贡缎、雪纺等华贵面料制作，可以加花边、缎带、曲线形裥褶等进行装饰（图 3-35）。

图 3-35　晚礼服

二、晚礼服的种类和设计

晚礼服风格各异，西式长礼服袒胸露背（图3-36），高贵典雅、性感迷人；中式晚礼服含蓄内敛、体态婀娜，凸显东方女性特有的风韵（图3-37）；中西合璧的晚礼服新颖时尚。晚礼服常采用镶嵌、刺绣、细褶、花边、蝴蝶结、玫瑰花等装饰感强的设计来突出高贵优雅。晚礼服的搭配服饰适宜选择典雅华贵、夸张的造型，凸显女性特点。

1. 准晚礼服

准晚礼服多为无袖或无领的款式，不过分强调露背、露肩，裙长从及膝至及地不等。

2. 正式晚礼服

正式晚礼服一般为露肩的大开领、无袖款式，裙长及脚背，后拖尾，搭配珠宝首饰，华丽的手包，佩戴手套。以流畅的褶裥为重点设计元素，使用飘逸、悬垂感好的绸缎、塔夫绸等闪光织物，局部可以搭配纱和蕾丝等材料，颜色以黑、白等纯色为主。

图3-36　西式礼服

图3-37　中式晚礼服

第九节　婚纱设计

一、婚纱的概念

婚纱是结婚仪式及婚宴时新娘穿着的西式服饰，以上紧下宽的白色礼服式连衣裙为主体，包括头纱、首饰、手套及花束等服饰配件，人们常在结婚时穿着各种彩色婚纱拍照纪念。婚纱来自西方，与红色为主的传统中式裙褂大相径庭。按西方的风俗，只有再婚妇女，才穿粉红或湖蓝等颜色的婚纱，以示与初婚的区别。婚纱的颜色、款式等要结合文化、宗教及时装潮流（图3-38）。

图3-38　婚纱

二、婚纱的种类和设计

婚纱的款式变化丰富，尽显新娘风姿。立领、长袖的婚纱，具有古典含蓄之美；无领、无袖、低领口的抹胸婚纱，开放、性感、时尚；有褶的衣袖，裙体层峦叠嶂，裙长及踝拖尾的婚纱，富贵高雅。婚纱的装饰手法极为丰富，有传统的刺绣、蕾丝、缎带、褶皱，还有极富装饰性的花边、羽毛、荷叶边、蝴蝶结、立体花和水晶亮片、贴钻和珍珠等。婚纱通过轻、薄、透、露、流畅、朦胧等材料美和设计美，尽显新娘的柔美、端庄、纯洁和含蓄，同时，突出女性优美的人体曲线等特点。目前婚纱设计注重细节处理，延续整体造型的简单风尚，侧重肩部、领口及腰线的设计，镂空、刺绣、花朵等元素被广泛运用，融入东方元素的刺绣，使西式婚纱更加符合东方新娘的婉约气质。

婚纱的面料多为毛、棉、麻、丝绸或有丝绸感的面料，如缎布、厚缎、亮缎、蕾丝、水晶纱、软网、网络纱、真丝绸、真丝、雪纺、欧根纱、压绉纱、乔其纱、色丁、塔夫绸、锦缎等。

婚纱的造型主要有公主型（A型）、X型、直身型、高腰型、蓬裙型、拖尾型、王后型、鱼尾型、吊带式、抹胸式、贴身型等。

1. 公主型

公主型婚纱加入裙撑或以多层结构重叠，使裙体蓬起呈A型，新娘看起来活泼、可爱，适合多种体型的新娘（图3-39）。

2. 蓬裙型

蓬裙型婚纱的特点是上身合体，腰部收紧，裙摆饱满（配有定型用的衬裙，使裙体呈吊钟造型）。腰线接口一般略低一些，可以充分显露腰身曲线（图3-40）。

3. 拖尾型

拖尾型婚纱看起来更正式和神圣，分为大拖尾和小拖尾，适合在教堂等场所穿着（图3-41）。

图3-39　公主型婚纱　　图3-40　蓬裙型婚纱　　图3-41　拖尾型婚纱

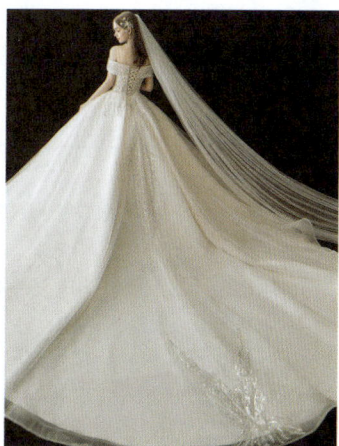

4. 王后型

高腰线是王后型婚纱最鲜明的特征，上身胸部合身紧贴，裙摆略呈A型，充分展现肩和胸的线条，对腰、腹、臀部有很好的掩饰效果。

5.贴身型

贴身型婚纱非常简洁，依身体曲线贴身剪裁的窄摆合身设计，不用衬裙。大多用丝质乔其纱、绉绸等悬垂感极好的面料制成。贴身型婚纱是所有婚纱款式中，最能凸显新娘体态美和现代感的婚纱式样。鱼尾式婚纱是其变形款式。

第十节　体育服装设计

一、体育服装的概念

体育服装又称运动装，是指运动员在体育竞赛中穿着的专业体育服装和人们日常从事体育锻炼时穿着的休闲运动装。专业体育服装通常按运动项目的特定要求设计制作，分上下衣套装、连衣裙或连体式等服装款式。休闲运动装结合竞技体育和休闲运动的特征进行设计，包括从事户内、户外体育活动穿用的服装。

二、体育服装的种类和设计

1.田径装

田径装以背心、短裤为主。一般来说，背心贴体，短裤易于跨步。为了不影响运动员双腿大跨度动作，还在裤腿两侧开衩或放出一定的松量。背心和短裤多采用针织面料，也有用丝绸制作的（图3-42）。

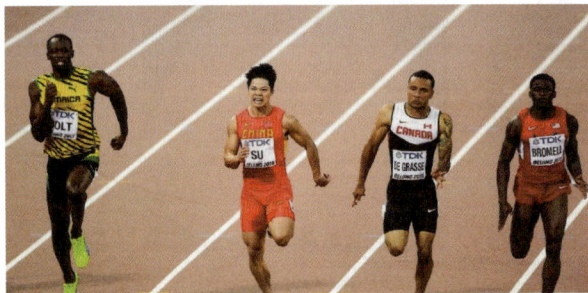

图3-42　田径装

2.球类运动装

球类运动装通常为短裤配套头式背心或短袖T恤。足球运动衣一般采用V型领

（图 3-43），排球、乒乓球、橄榄球、羽毛球、网球等运动装一般采用 Polo 衫，并在衣袖、裤腿外侧加蓝、红等彩条。网球衫以白色为主，女子穿超短连裙装。

3. 举重装

举重比赛时运动员多穿厚实坚固的紧身针织背心或短袖上衣，配以背带短裤、腰束宽皮带（图 3-44）。

图 3-43　球类运动装

图 3-44　举重装

4. 摔跤装

摔跤装因摔跤项目不同而异。例如，蒙古式摔跤穿用皮制无袖短上衣，称"褡裢"，不系襟，束腰带，下着长裤，或配护膝。柔道、空手道穿用传统中式白色斜襟衫，下着长至膝下的大口裤，系腰带，日本等国家还以腰带颜色区别柔道段位等级。相扑习惯上赤裸全身，胯下只系一窄布条兜裆，束腰带（图 3-45）。

5. 体操服

体操服在保证运动员技术发挥自如的前提下，要显示人体及其动作的优美。男子一般穿通体白色的长裤配背心，裤腿的前中缝笔直，并在裤脚口装松紧带，也可穿连袜裤。女子穿针织紧身衣或连袜衣，并选用伸缩性能好、颜色鲜艳、有光泽的织物制作（图 3-46）。

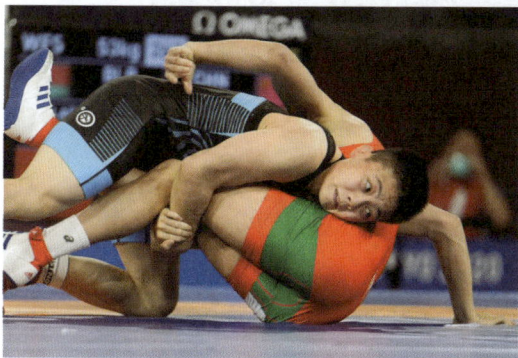

图 3-45　摔跤装

图 3-46　体操服

6. 登山服

竞技登山一般采用柔软耐磨的毛织紧身衣裤，袖口、裤脚口宜装松紧带，脚穿有凸齿纹的胶底岩石鞋。探险性登山需穿用保温性能好的羽绒服，并配用羽绒帽、袜、手套等。衣料采用红、蓝等鲜艳的颜色，易吸热并易在冰雪中被识别。此外，探险性登山也可穿用腈纶制成的连帽式风雪衣，帽口、袖口和裤脚口都可调节松紧，以防水、防风、保暖和保护内层衣服（图3-47）。

图3-47　登山服

7. 击剑服

击剑服注重护体、轻便。由白色击剑上衣、护面、手套、裤、长筒袜、鞋配套组成。上衣一般用厚棉垫、皮革、硬塑料和金属制成保护层，用以保护肩、胸、后背、腹部和身体右侧。按花剑、佩剑、重剑等不同剑种，运动服保护层的要求略有不同。花剑比赛的上衣，外层用金属丝缠绕并通电，一旦被剑刺中，电动裁判器即会亮灯；里层用锦纶织物绝缘，以防出汗导电；护脸面罩用高强度金属丝网制成，两耳垫软垫；裤长及膝下几厘米，再套穿长筒袜裹住裤腿。击剑服应尽量缩小体积，以减少被击中的概率（图3-48）。

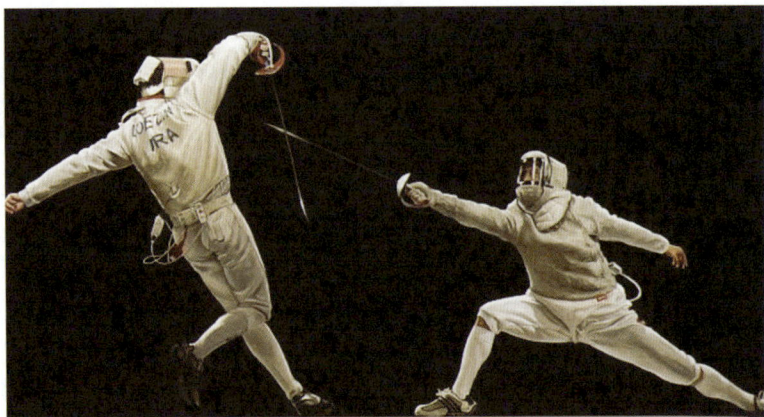

图3-48　击剑服

8. 水上运动装

水上运动装主要有三类：

（1）进行游泳、跳水、水球、滑水板、冲浪等运动时穿用紧身游泳衣（又称泳装），男子穿三角短裤，女子穿连衣泳装或比基尼泳装。对泳装的基本要求是运动员在水下动作时不鼓胀兜水，减少水中阻力。

（2）划船运动、帆板运动，运动员穿着短裤、背心，方便划动船桨（图 3-49）。

图 3-49　帆板运动服

（3）摩托艇运动速度快，运动员除穿一般针织运动服外，还要配穿透气性好的多孔橡胶服、涂胶雨衣及气袋式救生衣等，衣服颜色选用与海水对比鲜明的红色、黄色，便于在比赛中出现事故时易被发现。

9. 冰雪运动服

滑冰（图 3-50）、滑雪（图 3-51）的运动服要求保暖，并尽可能贴身合体，以减少空气阻力，适合快速运动。一般采用较厚实的羊毛或其他混纺毛纤维针织服，头戴针织兜帽。花样滑冰等比赛项目，更讲究运动服的款式和色彩。男子多穿紧身、潇洒的简便礼服；女子穿超短连衣裙及长筒袜。

图 3-50　冰上运动装

图 3-51　雪上运动服

第十一节　休闲装设计

一、休闲装的概念

休闲装是人们在休闲时穿着的服装，根据用途和风格一般可以分为前卫休闲装、运动休闲装、浪漫休闲装、古典休闲装、民俗休闲装、乡村休闲装等。休闲装覆盖的范围很广，凡是有别于严谨、庄重的服装都可称为休闲装，包括日常穿着的便装、运动装、家居装、休闲风格的时装等。

二、休闲装的种类和设计

1. 前卫休闲装

前卫休闲装一般使用新型面料制作，服装具有未来科技、工业风格，比如用金属光泽面料制作的太空衫，是对未来穿着的想象（图 3-52）。

2. 运动休闲装

运动休闲装是指具有体育服装特征和风格的服装，具有一定的运动功能性，但不必像专业体育服装那样考虑影响竞赛成绩的因素，在设计和材料使用方面比较自由。例如，全棉 T 恤、Polo 衫、冲锋衣等（图 3-53）。

图 3-52　前卫休闲装

图 3-53　运动休闲装

3. 浪漫休闲装

浪漫休闲装以柔和、圆顺的线条，变化丰富的浅淡色调，宽松的造型，营造服装浪漫的休闲风格（图 3-54）。

4. 古典休闲装

古典休闲装构思简洁单纯，效果典雅端庄，强调面料的质地和精良的裁剪与缝制，显示出一种古典美（图 3-55）。

5. 民俗休闲装

民俗休闲装借鉴各民族服饰的一些特点，将传统工艺和民俗图案等元素应用到休闲装设计中，如使用扎染、蜡染、泼染面料制作的休闲装就具有浓郁的民俗风味（图 3-56）。

图 3-54　浪漫休闲装　　　　图 3-55　古典休闲装　　　　图 3-56　民俗休闲装

6. 乡村休闲装

乡村休闲装讲究自然、自由、自在的风格，服装造型随意、舒适。多采用手感粗犷而自然的面料，如麻、棉、皮革等制作服装，是人们返璞归真、崇尚自然的真情流露（图 3-57）。

7. 商务休闲装

商务休闲装有别于平日压抑、呆板的职业装，可以搭配 Polo 衫、休闲款西裤、休闲皮鞋（图 3-58）。

8. 家居休闲装

家居休闲装一般设计简单、宽松自然，面料以舒适的纯棉为主，体现活泼、阳光的自然之美（图 3-59）。

图 3-57　乡村休闲装　　　　图 3-58　商务休闲装　　　　图 3-59　家居休闲装

第十二节　童装设计

一、童装的概念

儿童一般指 12 岁以下的男、女儿童，虽然他们此时的身体发育特征还未显现，但家长们都习惯于给学龄前儿童和小学生以相应性别的打扮（除婴儿外）。由于现代人对孩子更加关心，所以对他们的服饰追求也更加多元化（图 3-60）。

二、童装的种类和设计

童装涵盖儿童在不同季节里穿着的各类服装。在设计上强调儿童特点的同时，也往往借鉴成人服装的品种和特点。目前，各国为了保护儿童身体，对儿童服装都有相应的国家标准或行业标准。

图 3-60　童装

童装面料和款式要求比成人服装更严格，面料和辅料越来越强调天然、环保，针对儿童皮肤和身体特点，多采用纯棉、涤棉等面料；童装款式追随成人服装的流行趋势，或时尚成熟，或简洁大方。

1. 婴幼儿服装

为了避免婴幼儿服装产品在使用时由于勾、拉、拽等情况对婴幼儿身体造成伤害，婴幼儿服装标准规定：产品的领口、帽边不允许使用绳带；成品上所有外露绳带的长度不得超过 14cm；套头衫领圈展开后周长尺寸不小于 52cm；所有的纽扣无毛刺、无残疵；洗涤和熨烫后不变形、不变色；绣花或手工缝制装饰物，不允许有闪光片、颗粒状珠子等。

2. 男童服装

男童服装款式基本参照成人男式服装设计，也可以通过拼接、印花和刺绣等方法，加入条纹、文字、图案等装饰。男童服装选用涤、棉、腈纶等较结实的面料。

3. 女童服装

女童服装款式具有许多儿童喜爱的设计元素，款式上追求时尚、可爱，利用亮片、刺绣、花边、荷叶边等技法装饰，也可参照成人女式服装，加入一些流行元素进行设计。多使用棉、麻、丝、毛、化学纤维等各种花色的面料制作。

第十三节　职业装设计

一、职业装的概念

职业装（Uniform）是指工作中穿着的服装，"干什么工作穿什么服装"是现代职业装的基本理念。穿上职业装的人们就要全身心地投入到工作中，尽心尽责。职业装有利于树立培养爱岗敬业的精神，加强从业人员的职业道德规范，增强工作责任心和集体荣誉感，并能提高企业的竞争力。职业装是行业整体形象的组成部分，对建立政府部门的公众形象、提高行业的知名度、增强企业的凝聚力等起到不可替代的作用。职业装具有标识性，可以树立行业或人物角色的特定形象，表达其理念和精神，有利于公众监督和内部管理。职业装的标识性也可以区别着装者的社会地位、经济条件、工作环境、文化素质等。

在发达国家，职业装发展迅猛，逐渐成为一个相对独立的经营体系，有专门的职业装研究设计中心、公司等机构，专门研究职业装的开发、设计、生产、销售、服务。目前，我国根据行业的人员构成情况和职业的工作特点，制订了较为完备的职业装标准体系，包括国家标准、行业标准和企业标准。不同种类的职业装一般都有各自的号型体系和技术标准，涵盖性能要求、安全环保等。在设计上朝着民族化、时尚化、个性化、科学性方向发展，强调和谐与统一，前景十分广阔。

职业装虽属成衣范畴，但营销方式却不相同。职业装的设计与生产针对的是群体用户，产销过程基本不经商业流通环节，一般是生产企业与用户直接签订购销合同，几乎没有营销风险。但要想赢得用户的信任，企业就必须做好产品设计、质量保证和售后服务等方面的工作。职业装主要分为制服类和工装类两大类，下面分别进行讲述。

二、职业装的种类和设计

由于工作环境和工作性质的不同，职业装分为制服类和工装类两大类。制服类服装又称为标志服，是非体力劳动者工作中穿着的服装或正式场合穿着的服装。工装类服装又称为劳保服装，是体力劳动者工作中穿着的服装。

（一）制服设计

制服设计强调穿着者的职业和身份，如军服通过色彩标识兵种，服装式样区别官兵等。制服设计常以西装为基本款式，参照军服、警服、空姐制服等服装款式进行变化。现今制服设计更加灵活多变，特色鲜明、用料更加考究，造型强调简洁与高雅，色彩讲究协调，追求品位与潮流，总体上注重体现穿着者的身份、文化修养及社会地位。制服分类见表3-1。

表3-1 制服种类

序号	领域	分类
1	军队	陆军、海军、空军、预备役等兵种的礼服（军衔服）、常服等（不包括作训服、作战服）
2	司法	法院、司法局、检察院、公安局等司法机构的法官、刑警、法警、交警、特警、巡警、狱警，以及治安、海关、缉私、禁毒、国土、森林、海洋、水务、城管、渔政、环保、工商、税务等司法制服
3	党政机关	在国家各部委及其下属单位任职的公务员制服
4	学校	小学、中学、大学等各类学校的学生制服、学位服、教师制服
5	金融业	银行、储蓄、证券、保险等金融公司上班人员的制服
6	交通	航空、船舶、铁路、公路等交通领域的制服
7	其他	公司白领，以及从事邮政、广播、电视、电信、旅游、律师等各行业人员的制服

1.商务女装设计

商务女装属于职业女装的一种，狭义指OL（Office Lady）白领通用的职业服饰，广义指从事任何商务工作，除了一般在企业就职的职场OL外，还包括从事个体经营者在商务活动中和从事教育行业的女性服饰。

现代社会，女性从事的岗位选择越来越多，她们的社会分工也越来越细致，更频繁地出入会议交流、商务谈判等场合，逐渐从单一办公室延伸至多种社交场合。商务女装随着社会发展，逐渐呈时尚化趋势，在传统简洁、素雅的商务女装基础上，融入前沿的潮流元素，做到既能保持商务着装所需要的端庄、权威感，又能展现时尚的潮流元素，充分展现女性独特的商务时尚、商务风采（图3-61）。

2.空姐制服设计

空姐的形象和礼仪不仅关系着航空公司的形象，而且代表着国家、民族的对外形象。服饰是一种无声的语言，它体现了一个人的个性、身份、涵养及其心理状态，直接代表了一个人的品格。世界各国的航空公司都有自己的空姐制服，虽然款式风格各异，但一律着裙装。空姐的服饰装备以制服套装为主，包括上衣、套裙、衬衣、马甲、丝巾、围裙、帽子、丝袜、风衣和大衣，服饰有鞋、靴及飞行箱、飞行包等（图3-62）。

图 3-61　商务女制服

图 3-62　空姐制服

（二）工装设计

工装是劳动者按照行业或企业的要求，上班时必须穿着的服装。根据工作环境和工作特点，工装可以分为标识类工装、商业工装、服务业工装、警示类工装和防护类工装。一般情况下，工装设计都兼顾标识性、警示性和防护性。工装分类见表3-2。

表3-2　工装种类

序号	领域	分类
1	医院	中医、西医等各类专科医院医生、护士的服装
2	农业	从事种植、水产、林木、畜牧及农业观光等的劳动者穿着的工作服
3	矿业	从事煤炭、石油、天然气、金属、稀土、矿石、沙土等资源的采掘、碾磨、选矿和处理等与采矿相关工作的劳动保护服装
4	工业（制造业）	从事食品、酒水、药品、纺织、服装、冶炼、工具、机械、电器、汽车、装备、化工、电力等工业生产中，各工种工人的工作服或劳动保护服装
5	商业	在百货、超市、专卖店、杂货店等店铺工作的店员着装
6	服务业	从事旅馆、餐饮、美容、保健、洗浴、娱乐、维修、保养、家政、保安、保洁等服务行业人员的工作服
7	其他	公司蓝领及从事建筑、储运、消防、环保、城市自来水、燃气、供暖等行业人员的工作服

1. 标识类工装

标识类工装设计强调从业人员的职业身份和工作岗位的区别，如在繁忙的超市或餐厅中，顾客可以根据服务员的特定装饰轻易地寻求帮助。标识类工装以商业、服务业、医院的工装为主。医护人员的服装色彩，医生多为宁静的白色、护士可以是白色或浅淡的彩色，显得安定、洁净和亲切。医护人员的服装款式比较单一，常用的面料为涤棉平纹布、涤纶卡其布、全棉纱卡等面料。

2. 商业工装

商业工装以百货、超市为代表的导购员的工装为代表，要求款式大方、热情。常用面料一般为鲜艳的纯色涤棉和化学纤维织物类。

3. 服务业工装

服务业工装以旅店和餐饮业的工装为代表，在设计上要与所在的建筑和室内装潢风格相协调，对款式和色彩的要求较高，服装品种也比较繁杂。服务业工装在服装上常用镶色、牵条、文字、图案、纽扣、带襻等进行装饰性设计。常用面料为仿毛织物及织锦缎、色丁、仿真丝等。

旅店业工装包括迎宾制服、前台接待人员制服、客房服务员工装、保洁员工装，后勤人员工装等。面料一般为纯色的色丁、仿毛混纺织物等。

餐饮业工装包括前台接待人员制服、迎宾（领位服务员）工装、餐桌服务员工装、厨师工装、杂工工装等。常用面料为仿毛织物，以及织锦缎、色丁等面料。

4. 防护类工装

防护类工装是以保护劳动者身体、防止人体污染环境为目的的工装，分为普通防护类工装和特种防护类工装。

（1）普通防护类工装：此类工装适用于各类工矿企业及其他行业的维修、管护岗位。设计上强调保护、安全及卫生的要求；款式一般要求宽松舒适，注重劳动中的便利性，兼顾岗位的标示性和警示性。在符合人体工学、满足护身功能的前提下，进行外形与结构设计。普通防护类工装常用面料有各种规格府绸、咔叽、帆布、工装呢（劳动布）等结实耐用的面料。

（2）特种防护类工装：此类工装是特殊工作场合穿着的工装，主要适用于某些特殊工种的危险作业，具有防火、防寒、防油污、防酸碱、防爆、防生化、防辐射、防静电、阻燃、隔离、增压或减压等特殊功能的特种服装。在设计上一般以人体防护为主，面料多为专用材料。

5. 警示类工装

警示类工装是指能够提示他人注意的服装。主要采用鲜亮的色彩，通过色彩对比警示周围的人们注意保障自身的安全。例如，身穿橙红色工装的电工、铁路维护人员和马路的清洁工，交警穿着的反光背心及夜间在室外工作人员工装上的反光条纹等，都有效地提高了识别性和安全性。

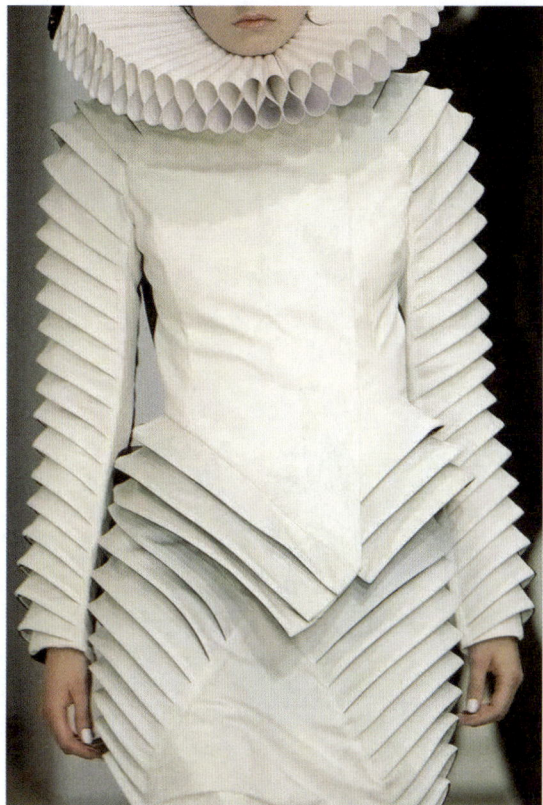

第四章

服装系列设计

CHAPTER

4

第一节　服装系列的概念

服装系列是指在同一设计主题下，风格一致，具有相同或相似的服装要素，彼此关联，不尽相同的多款、多品种服装。服装系列设计就是要围绕某一主题，对表现主题的多个设计元素，在各款服装中进行多种形式的强调运用，通过合理的组合与搭配，多角度、全方位地综合表达主题思想，把单品扩展为多款设计，形成既变化、又统一，具有协调美感的多款服装（图4-1）。服装系列可以分为成衣产品系列和舞台表演系列。

图4-1　系列设计

一、成衣产品系列

品牌服装一般是多个产品系列并列经营或互补经营，系列设计需考虑到不同商品系列之间的搭配问题，这是品牌的经营策略，也是消费者的需求。消费者在认可某一品牌后，希望在该品牌的各个商品系列间有不同搭配的可能性，购买更多的配套商品。例如，某品牌推出主题名称为"花之恋"的花卉系列春秋女装，包括牡丹系列、郁金香系列、玫瑰系列、兰草系列共四大系列，每个系列都各有不同款式的套装、内衣、衬衫、毛衫、围巾、帽子等子系列。牡丹系列面向性格豪放的成熟女性，服装风格雍容华贵、色彩艳丽；郁金香系列面向职场女性，服装风格简洁、大方；玫瑰系列面向恋爱中的女孩，服装风格娇美、浪漫；兰草系列面向性格文雅的女生，服装风格朴素、雅致。假如有一位顾客买了一套兰草系列中的某款套装，她可能又会挑选同系列中的衬衫、毛衫、围巾进行搭配。如果以上花卉系列春秋女装受到消费者青睐、取得了商业上的成功，还可以扩展到夏季女装系列或冬季女装系列（图4-2）。

广义上的成衣系列，可以按照服装季节、风格、消费群体等方式划分。例如，按季节划分的产品系列有春装系列、夏装系列、秋装系列、冬装系列等，按消费群体划分的产品系列有男装系列、女装系列、童装系列、情侣系列、家庭系列、职场系列等，按服装风格划分的产品系列有民族系列、休闲系列、军旅系列、淑女系列等。

狭义上的成衣系列，一般按照具体的服装种类或款式划分，如牛仔系列、裤装系列、西服系列、夹克系列、旗袍系列、婚纱系列等。

假设带有2022年北京冬季奥运会吉祥物"冰墩墩"图案的商品系列

图4-2 以熊猫为灵感的成衣产品系列设计

二、表演服装系列

表演服装系列是指在品牌发布会、产品订货会、服装设计比赛、院校毕业设计、文艺演出等场合由模特穿着向观众表演展示的系列服装（图 4-3、图 4-4）。表演服装系列最少两套，一般都是三套以上，具有相同设计元素的系列设计更加具有视觉冲击力。表演服装系列可以分为男装系列、女装系列、童装系列、男女装组合系列等。表演服装系列的各套服装之间既可以有主从关系，也可以没有主从关系。

图 4-3　水墨旗袍系列设计

图 4-4　面料拼接男装系列设计

院校学生的毕业设计或服装设计大赛中，常用解构设计（打乱服装原有的结构对称关系并重组，或突出表现服装的缝制结构）的方法进行创作，使设计看起来更加新奇、独特，表现出挣脱束缚，狂放不羁的设计理念（图4-5、图4-6）。

图 4-5 皮夹克的解构系列设计

图 4-6

图 4-6　各种解构系列设计

第二节　服装系列设计的要点

　　表演服装系列的设计要求每套服装的风格和种类一致，其次是共同具备相同或相似的设计元素。同一服装系列中的多个设计元素需区分主次关系，主要元素要突出强调主题，其他次要元素适度渲染主题，切忌不分主次、毫无规律、杂乱无章。表演服装系列的设计要做到色彩和面料组合统一、造型相似、工艺相同，设计有规律，在结构、图案、饰品、搭配等细节设计上寻求变化与和谐。下面重点对表演服装系列的设计要点加以说明。

一、主题鲜明

系列设计要做到主题鲜明，能够表现服装主题的设计元素要占主导地位，切不可不分主次关系、喧宾夺主（图4-7）。否则整个系列将会杂乱无章，无法给人留下清晰的印象。

图4-7　以海洋为主题的晚礼服系列设计

二、服装系列的风格要统一

风格是服装系列的灵魂，应围绕系列的主题，营造独特的服装风格（图4-8）。

图4-8　朝鲜族服饰风格的民族服饰系列设计

三、色彩构成相同

同一系列的服装色彩构成要统一，色彩是形成服装系列的第一要素，因为人们对服装的第一感受就是色彩感。例如，黑色系列、灰色系列、白色系列、红白系列、花色图案系列、条格系列等（图4-9）。

图4-9　以火凤凰为色彩构成的系列设计

四、材质构成相同

一个系列中的每套服装的材料构成都应该是一致的，假如选定了五种材料制作一个系列服装，那在设计时就应把这五种材料应用到这个系列的服装上（图4-10）。

图4-10　以毛皮和绸缎材质构成的时装系列设计

五、服种相同

服种是指西服、夹克、大衣、风衣、礼服等，服种一致会显得整齐划一，系列感强。例如，每套西服的领型、口袋、分割线、开衩、纽扣粒数等结构细节不同构成的西服系列。同一系列可以包含男装、女装和童装（图4-11）。

图4-11　婚纱的系列设计

六、造型相似

同一系列的服装整体造型或局部造型要相似，如都是上身合体的H型、A型等造型相似的礼服系列、具有宽松造型的休闲装系列、具有几何形体夸张造型的创意装等（图4-12）。

图4-12　以美人鱼造型为灵感的礼服系列设计

七、结构元素相似

结构元素相似是指服装的分割线、层次及不同材质的面料在服装结构中的构成部位要相似（图4-13）。

图4-13　以褶为结构元素的礼服系列设计

八、工艺相似、相辅相成

例如，面料的扎染、蜡染、热转移印花、3D打印等加工工艺，编织、手绘、剪纸、抽纱、编结、手绣等手工艺，手缝和机缝等缝制工艺，机缝要根据不同的缝制部位或要求的效果选择相应的专业设备加工（图4-14）。

图4-14　应用面料肌理再造手法的礼服系列设计

九、细节设计要与风格统一

细节的变化在设计中最为繁复多样，可以尽情地选择风格统一的要素，进行重组、循环、衍生等变化营造系列化效果。例如，局部结构、图案、工艺、装饰、镶拼等，都可以作为系列化的设计要素（图4-15）。

图4-15 细节工艺统一的花样滑冰运动装系列设计

十、饰品多样相似

饰品是服装的装饰、配搭成分，应用灵活，可以加强服装系列设计的效果。饰品虽然多样，但要围绕主题加以选择（图4-16）。

图4-16 具有夸张头饰的狂欢节服装系列设计

第三节　服装系列设计的步骤

服装系列设计的整体造型，往往是以某一着装形象为原型进行拓展，开发出多款与之相关或相似的造型形成系列。观看服装表演的观众，有时会对给他留下深刻印象的某一款服装产生创作的冲动，设想在其基础上进行一些改造也许会更新颖、更完美，或者试图在对其外型或款型更改不大的前提下调整色彩，给人带来新感觉，进而形成新系列，这就是系列设计的一个动因。表演服装系列设计步骤如下。

一、确立主题

对灵感来源的事物进行分析、提炼，确定主题后，首先确定以风格、廓型、色彩、面料、图案、局部造型、工艺、饰品等服装元素中的哪些元素为形式语言来表现主题，然后组织设计素材，开始创意构思。

二、确定风格

风格要与主题相符合，风格一旦确定，所有将用到的设计元素都要尽量符合其风格。风格是设计的灵魂，忽视风格将会使设计产生混乱。

三、确定着装对象

表演服装系列一般由时装模特穿着表演，所以从造型方面要考虑模特身材。

四、确定服装种类

每个服装种类都有其特定的风格，所以要从确定的风格入手选定服装种类。

五、材料选择

选择能够宣扬系列主题、营造服装风格、适合制作该系列服装种类的各种面料和辅料。将所有要用到的面辅料放在一起观察，确认主辅料比例关系，分析色彩和材质构成是否满足主题、风格要求，搭配是否协调、美观。如果发现不协调的材料，要果断舍弃。

六、元素形式

元素形式就是能够充分表达主题、风格的服装部件和结构形态，要结合审美、流行、创新等内容综合考虑。

七、创意表达

对满足系列主题、风格的设计元素经模糊构思选定后，进行系列服装设计的草图绘画，要力求创意新颖、构思独特、表达奇妙。

八、整合、调整

认真调整每套服装间的关联性和协调性，设计细节的合理性，进行调整、改进。对想用到的各个元素形式进行合理的加减和取舍，以符合设计要求，彰显主题。系列中的服装不要分主次关系，每套服装都是主角，设计要追求作品美、有新意，富于个性。

九、绘画效果图和款式图

尽可能精细、准确地绘画效果图和款式图。

十、试制

对一些造型奇特的部位或不熟悉的工艺方法要试制，以达到预期效果，避免粗制滥造。

十一、正式制作

可以通过平面裁剪或立体裁剪，制作前要认真分析采用哪些工艺方法，使用何种设备，做到裁剪精确、制作精美。制作中要经常试穿，观察效果，以便及时修改、调整。

十二、服装配饰和表演道具

服装表演中，恰到好处的服装配饰可以增强服装的展示效果；适当的表演道具可以营造场景氛围、彰显主题。

十三、设计目标

表演服装系列的目标就是"精、美"，要体现寓意美、形式美、造型美、色彩美、材料美、工艺精。成衣服装系列的设计目标是要通过销售更多的产品，带来更多的收益。

第五章

创意设计

CHAPTER 5

第一节　服装创意设计的概念与意义

一、服装创意设计的概念

服装创意设计也可称为"服装概念设计"，是指在服装中融入设计师的灵感，具有独特表现技艺和一定艺术感染力的服装作品。设计师通过创意设计，表达个人情趣和艺术创造力。将创意服装中的设计元素应用到商品服装中，时尚、新奇、独特的设计理念可为服装流行创造新的选择。

创意类服装常常出现在一些时装设计大赛中或国际时装周的"T"台上，如法国的"巴黎国际青年设计师大赛"、中国的"汉帛奖国际青年时装设计师作品大赛"等，这些比赛为年轻设计师展示艺术才华、创意能力和表现个性提供了舞台。在诸多服装设计大赛中，涌现出大量优秀的年轻设计师，引起了时装界的关注。这类大赛要求设计师的设计思维活跃，设计要摆脱一些约定俗成的观念束缚，大胆创新，着力将民族文化与流行趋势相结合，创造一种全新的、颇具时代感的时装造型或穿着形式。

二、服装创意设计的意义

服装设计有着广泛的扩展空间，设计师要走在时尚潮流的前端，要在探索中寻找规律，要善于吸取前人的创造成果并有所突破，以全新的理念、独特的技艺不断推陈出新，引领时尚潮流。创意设计的本质就是创造，创造力源于设计师自身的综合素质和能力。

从主观上讲，创意服装是设计师个人情感、情趣的体现，也是设计师对专业知识、前人经验的继承、自我实践积累的感悟。从客观上讲，创意服装提高了消费者的审美意识，开辟了服装发展的新境界。

创意服装由于过于夸张而不能在日常生活中穿着，但设计师可以通过这些作品能够充分表达设计理念和审美情趣，也可为观众带来艺术享受的视觉盛宴，在着装理念上给予人们新的启示。

第二节　创意设计的素材来源

设计师要善于从身边的事物中寻找创作素材，从中得到启发，发挥想象、巧妙构思，运用广泛的服装表现手段进行设计。设计要快速捕捉灵感，在熟悉的领域或物品中更易获取灵感，如绘画、雕塑、工艺品、摄影、影视作品、音乐等艺术领域更能快速地获取灵感。

服装创意设计的灵感可以来自各种事物，下面将"事物"两字拆开为"事"和"物"分别加以理解。

"事"即事情，是看不见摸不着的抽象概念，具有时空性和关联性，包括人类所知的大小事情。"事"不会脱离物质世界而孤立存在，必定会有与之相关的人或物。可以将"事"直接转化为设计概念或设计主题，再通过将与此事关联的人与物加以物化，再把"物"所具有的特性（形、色、质）应用在服装设计中，就可以设计出独具特色的服装。

"物"即物质，是看得见摸得着的具象物体，它有形、色、质的外在特性，也有不同的外在形式，如图 5-1 所示。

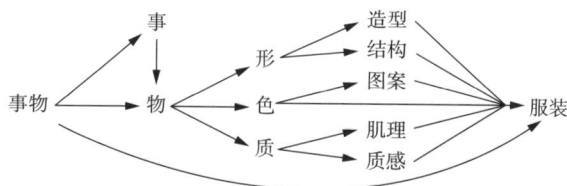

图 5-1　事物通过物化转换为服装设计的步骤

人类所知的大多数事物都可以作为服装设计师的设计素材，创意素材的分类见表 5-1。

表 5-1　创意素材的分类

<table>
<tr><td colspan="4" align="center">事物分类</td><td align="center">创意联想</td></tr>
<tr><td rowspan="2">自然事物</td><td rowspan="2">事</td><td>自然灾害</td><td>地震、海啸、飓风、暴雨、泥石流等</td><td>灾害给人类带来物质损失和身体创伤，人类在灾害面前表现出的友爱和坚强的精神。结合对人与物的联想进行设计</td></tr>
<tr><td>自然规律</td><td>季节轮回、日月盈亏、朝霞夕阳、潮起潮落、静夜星光、时光流逝、清风细雨等</td><td>自然规律和景观都会触动人们的心灵，由此产生灵感。自然界的光影和色彩，都可以为设计提供无限的素材</td></tr>
</table>

147

		事物分类		创意联想
自然事物	非生命体	自然景观	宇宙空间、日月星辰、江河湖海、沙滩丘陵、崇山峻岭、草原戈壁、冰天雪地，以及各种自然风景名胜	自然规律和景观都会触动人们的心灵，由此产生灵感。自然界的光影和色彩，都可以为设计提供无限的素材
		物质	原子、电子、分子、沙、石、土壤、水滴、雪花、黄金、宝石，以及从微观世界到宏观世界的各类自然物质	生命体是自然的造化，在漫长的进化过程中，不断完善自己，创造出绚烂的自然世界，给地球带来无限生机，它们本身就是无与伦比的天然设计师。设计师效法自然进行仿生设计，进行人类的再创造
	生命体	植物	生活在陆地和水中的各类花草、树木等植物	
		动物	水中的鱼儿，空中的蝴蝶和鸟儿，地上的豺、狼、虎、豹和牛、马、猪、羊等	
人文事物	事	事件	各国家、各民族的历史和传统，社会、宗教、政治、军事、文化、艺术、科学技术等各领域内的进步和争端，以及在人与人、人与社会、人与自然之间发生的各类事件	将与事件或事情相关的人和物，通过物化转换，并与服装的具体设计相关联，以一定的形式在服装作品中予以表达
		事情	发生在生活、工作、情感等方面的大小事情	
	物	服装	所有服装种类和款式	一是参照变化，二是服装的着装方式和搭配方式的创新
		其他	建筑、机械、武器、交通工具、制造设备、生产工具、科技产品、工业产品、艺术作品、历史文物、生活用品、各类商品等人类文明产物	作为人类文明的产物，这些物体本身就是人类设计的结果，将其转移到服装设计中进行再设计，具有承袭、借鉴的意义。设计方法是将其色彩和形态图案化、立体化，或取其结构等特征应用在服装设计中

第三节　创意设计的表达方式

　　服装创意设计是依照灵感来源的特定物体，在服装设计中将其图案化、立体化，或将其形态、结构、肌理等物质特征应用在服装设计中。

一、物体在服装色彩设计中的表现方法

　　将物体色彩或景观色彩，运用服装设计的色彩美学原理将其图案化并加以设计。

如图 5-2、图 5-3 所示是以向日葵的色彩和图案为灵感,将向日葵的色彩和图案融入服装的创意设计。

图 5-2　以向日葵为灵感

图 5-3　以向日葵为灵感的创意设计

二、物形在服装造型、结构、材料肌理中的表现方法

将物体形态或景观,按照服装的造型与结构,结合物体色彩进行设计。图 5-4 是以西瓜为灵感,将西瓜的造型和结构融入服装的创意设计。

图 5-4　以西瓜为灵感的创意设计

第四节　不同灵感来源的创意设计

　　将灵感来源的事物作为创意主题，结合服装的风格进行设计。灵感来源的事物确定后设计服装廓型，然后结合预计的色彩和面、辅料，进行局部结构、图案、工艺、饰品等服装元素的综合设计。设计中要注意形式语言的表达，以强化主题。

一、源于自然事物的创意

　　从自然界各类事物中得到灵感，再进行创意设计，如将自然景观的黄山风景以水墨画的形式应用到服装图案中，将动物世界的花、鸟、鱼、虫应用到服装局部造型中。如图 5-5 所示是以彩虹为灵感的创意设计。

图 5-5　以彩虹为灵感的创意设计

二、源于服装自身的创意

从各类服装、服饰品、着装方式和服装结构中得到灵感进行的创意设计，如前面提到的服装解构设计，便是源于已经存在的服装基础上，进行拆解、再组合的创意设计。如图 5-6 所示是在牛仔服饰基础上进行的解构设计。

图 5-6　牛仔服饰的解构创意设计

三、源于生活事物的创意

从生活中的各类事物中取得灵感进行创意设计，如从学习用品、家具、工具、食品等物品中获取灵感进行设计。如图 5-7 所示是以糖果为灵感并进行的创意设计。

图 5-7　以糖果为灵感的创意设计

四、创意设计范例

创意设计范例如图 5-8~ 图 5-11 所示。

图 5-8　以足球啦啦队服为灵感的创意设计

图 5-9　以局部装饰造型为灵感的创意设计

图 5-10　以影视作品中的人物形象为灵感的创意设计

图 5-11　以动物毛皮为灵感的创意设计

参考文献

［1］东京文化服装学院．文化服装讲座：服装设计篇［M］．冯旭敏，马存义，译．北京：中国轻工业出版社，2001

［2］HANNELORE E．服装绘画与造型设计［M］．王青燕，译．上海：中国纺织大学出版社，2004．

［3］熊谷小次郎．Fashion illustrations：ladies，men and children［M］．台北：美工图书社，1984．

［4］徐苏，需雪漫．服装设计基础［M］．北京：高等教育出版社，2003．